GENOMA HUMANO

INNOVANT PUBLISHING
SC Trade Center: Av. de Les Corts Catalanes 5-7
08174, Sant Cugat del Vallès, Barcelona, España
© 2021, INNOVANT PUBLISHING SLU
© 2021, TRIALTEA USA, L.C. d.b.a. AMERICAN BOOK GROUP

Director general: Xavier Ferreres
Director editorial: Pablo Montañez
Producción: Xavier Clos
Coordinación editorial: Adriana Narváez
Diseño de maqueta: Oriol Figueras
Maquetación: Mariana Valladares
Autoría: Ricardo Franco
Edición: Mónica Deleis
Corrección: Martín Vittón
Ilustración: Roberto Risorti (págs. 23, 63, 72-73) y Federico
Combi (págs. 99, 100, 103)
Créditos fotográficos: "DNA research molecule scientific breakthrough
in human genetics illustration analysis" (©Shutterstock), "Different dogs
isolated on white" (©Shutterstock), "DNA hand on blue background concept"
(©Shutterstock), "Vienna, Austria, Jan 5 1984, Gregor" (©Shutterstock),
"Mendel genetic concept crossing pea plant" (©Shutterstock), "Human
karyotype illustration" (©Shutterstock), "Structure chromosome infographics
vector illustration" (©Shutterstock), "Duplicated homologous chromosomes
pair crossingover process" (©Shutterstock), "Fruit flies drosophila red eyes"
(©Shutterstock), "Nucleotides adenine nucleotide structure basic structural"
(©Shutterstock), "Schematic illustration shows structure double stranded"
(©Shutterstock), "Set 6 real different open eyes" (©Shutterstock), "ABO blood
groups" (©Shutterstock), "Gene cloning by bacteria formation endospore"
(©Shutterstock), "Homo Neanderthalensis skull, La Ferrassie dated"
(©Shutterstock), "DNA microarray chip biochip array nano" (©Shutterstock),
"Cute close portrait two sisters twins" (©Shutterstock), "Illustration animal
cloning process" (©Shutterstock), "Edinburgh Scotland, July 27, Dolly Sheep"
(©Shutterstock), "Dry uncooked rice wooden bowl" (©Shutterstock), "Golden
rice heap bowl top view" (©Shutterstock), "Scientist gets ready take blood mouse"
(©Shutterstock), "Protein structure primary secondary tertiary quaternary"
(©Shutterstock), "Tomato vegetable lettuce salad isolated" (©Shutterstock),
"Futuristic laboratory scientist pipette analyzes colored" (©Shutterstock),
"Super macro dangerous zica virus aedes" (©Shutterstock), "Cows farm dairy
cowshed" (©Shutterstock), "3D rendering CRISPR DNA editing" (©Shutterstock),
"Raw russet potatoes isolated on white" (©Shutterstock), "Nurse wearing
respirator mask holding positive" (©Shutterstock), "Coronavirus 2019nCOV
novel concept resposible Asian" (©Shutterstock), "Immunoassay used measure
concentration antigen basic" (©Shutterstock), "Team pharmacists developing
parenteral antibody antivirus" (©Shutterstock), "Germany, 15th March 2020,
aerial drone" (©Shutterstock), "Genetic research scientists work medical
equipment" (©Shutterstock), "Twocell embryo mitosis under microscope"
(©Shutterstock), "Health care researchers working life science" (©Shutterstock)..

ISBN: 978-1-68165-870-4
Library of Congress: 2021933746

Impreso en Estados Unidos de América
Printed in the United States

NOTA DE LOS EDITORES:

ÍNDICE

7 Introducción

11 La información genética
Los caracteres hereditarios
Los cromosomas
El ADN: el enigma de la herencia
Los genes

37 La manipulación del genoma
Metodologías para manipular genes
Clonación, o cómo hacer copias genéticamente idénticas

59 La expansión de la ingeniería genética
Organismos genéticamente modificados
Modelos para la investigación científica
Elaboración de proteínas y vacunas
Ingeniería genética para el medio ambiente:
la fitorremediación
Otras aplicaciones de la ingeniería genética
La edición genética
El sistema CRISPR: un regalo de las bacterias

97 La pandemia de COVID-19
¿Qué es un virus?
Métodos de diagnóstico para SARS-CoV2
Posibles tratamientos
Investigaciones en marcha para producir una vacuna

121 Cuestiones éticas
¿Estamos preparados para la edición de la línea
germinal del genoma?
La comunidad científica internacional pide una
nueva moratoria

128 Glosario

130 Bibliografía recomendada

INTRODUCCIÓN

《 ¡Tiene tus genes!» «¡Lo lleva en el ADN!» Estas frases que hoy escuchamos con frecuencia, en un partido de fútbol, en la playa o en una reunión, eran impensadas hace algunos años. Es que, aunque en el siglo xix ya se hablaba de la herencia y de la transmisión de caracteres hereditarios de padres a hijos, fue recién a mediados del siglo xx cuando Rosalind Franklin (1920-1958), Maurice Wilkins (1916-2004), James Watson (1928) y Francis Crick (1916-2004) sentaron las bases de la genética molecular. Desde el momento en que propusieron el modelo de la molécula de ADN, se fueron acumulando y sedimentando nuevos saberes científicos sobre cromosomas, genes y mecanismos en los que participan, los cuales abrieron paso a un desarrollo explosivo y vertiginoso de la genética y la biología molecular. Pero fue recién en la década de 1970 cuando se diseñaron herramientas moleculares que pudieron resolver muchas de las dificultades que se habían presentado hasta entonces al querer manipular el ADN: enzimas capaces de cortar las moléculas de ADN solo en sitios determinados y otras con la habilidad de reunir con precisión los fragmentos y sellar las uniones para dejarlas reparadas. Algo así como lo que hace una costurera al cortar telas y añadirlas o coserlas. Nació así la ingeniería genética.

Por primera vez se logró introducir material genético de una especie en células de otra y, además, se comprobó que la información hereditaria se transmitía correctamente. Como consecuencia de esta innovación, se consiguió, por ejemplo, que ciertas bacterias cultivadas en un laboratorio produjeran una hormona humana. Rápidamente, con esta técnica comenzó la producción de enzimas, fármacos, reactivos de diagnóstico y otras moléculas de interés industrial mediante técnicas cada vez más rápidas y mejores. Más tarde llegaron los primeros ratones transgénicos, las primeras plantas resistentes a insectos y herbicidas, y las primeras vacunas recombinantes.

El siglo xx terminó con un anuncio impactante: la clonación de una oveja completa a partir de una célula de la ubre de una oveja adulta, y el nuevo milenio despertó con otro anuncio no menos sorprendente: se completó el borrador y, después, una versión más acabada de la secuencia del genoma humano, es decir, del conjunto de genes que tienen las células humanas. Con este último acontecimiento se abrieron las puertas para el estudio de los genes y sus mecanismos.

Ya en el comienzo de la segunda década del siglo xxi se desentrañó el funcionamiento de la que se convirtió en la niña mimada de los genetistas moleculares de todo el mundo: la herramienta CRISPR-Cas. Un nuevo corrimiento de las fronteras del conocimiento que amenaza con no tener límites y que alimenta las expectativas de muchos científicos de poder dar respuestas a problemas que aún no las tienen. El éxito alcanzado suele ser resultado de muchos fracasos pero, también, de la capacidad que poseen aquellos que trabajan en las ciencias biológicas para saber que todo puede cambiar, en un instante, si no se rinden.

1

LA INFORMACIÓN GENÉTICA

¿Por qué los hijos se parecen a sus padres?

Para poder hablar de ingeniería genética tenemos que preguntarnos primero qué estudia la genética. Como su nombre lo indica, esta disciplina estudia los genes y los mecanismos que regulan la transmisión de los caracteres hereditarios. En los genes están determinadas las características de un ser vivo, como el color de una flor y la altura de una persona. Pero también aspectos relacionados con el funcionamiento de su organismo y la probabilidad de contraer una enfermedad. Y los genes están formados, básicamente, por una molécula en verdad asombrosa: el ADN.

LOS CARACTERES HEREDITARIOS

Hace miles de años, el elote (conocido también como maíz, choclo, mazorca y jojoto) no era como lo conocemos hoy. Su tamaño era pequeño y sus granos, poco carnosos. Tampoco los cerdos eran «musculosos» como lo son ahora. Mediante diferentes cruzas, los seres humanos lograron mejorar estas características y por eso actualmente tenemos elotes y cerdos mucho más rendidores a la hora de consumirlos. Algo parecido sucede con los perros y con los caballos. Cruzando distintos individuos se lograron razas con características especiales, por ejemplo, perros útiles para la caza y caballos de carrera.

Desde un punto de visto técnico, una cruza es una manera de controlar artificialmente –por medio de la intervención humana– la reproducción de una planta o de un animal, ya que para hacerlo se eligen los especímenes a cruzar y se selecciona aquella descendencia con las características deseadas. De este modo, se han logrado mejoras en los productos de la agricultura, en los animales para consumo y también en los de compañía (como los perros y los caballos), etcétera.

UN MONJE AUSTRÍACO, SUS GUISANTES Y LA TEORÍA DE LA HERENCIA

Los años pasaron y los seres humanos aprendieron más y más sobre las prácticas agrícolas y ganaderas de cruzamiento de especies: la posibilidad de seleccionar especímenes con ciertas características útiles para obtener una descendencia parecida a sus progenitores con las características buscadas fue cada vez más difundida. Pero ¿por qué sucedía esto? ¿Por qué se obtenían seres parecidos a sus progenitores pero, a la vez, con algunas diferencias? Alrededor de 410 a.C., Hipócrates (c. 460 a.C. – c. 370 a.C.), un médico de la antigua Grecia, fue el primero en proponer una explicación teórica coherente sobre la transmisión de las características de padres a hijos, a la que llamó pangénesis. Según esta teoría, cada parte del cuerpo produce una especie de «semilla» que porta sus características esenciales. Estas semillas se reúnen en los órganos reproductores del ser vivo y se transmiten a la descendencia.

12

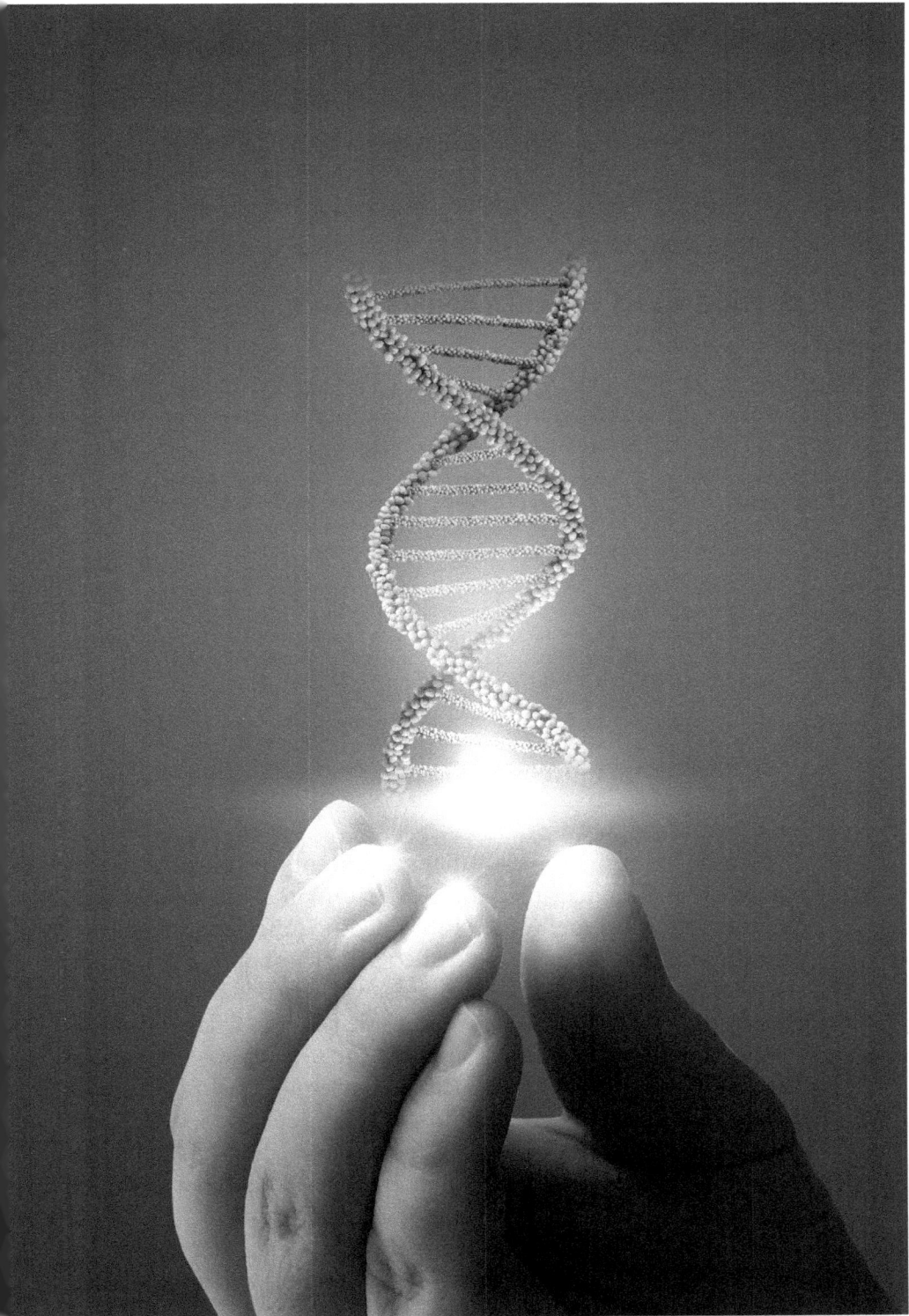

Gregor Johann Mendel fue un pionero en el estudio
de las características de las plantas.

EL MAÍZ Y LAS MUJERES AMERICANAS

El maíz es una planta originaria de América. Su pariente más cercano es
una especie silvestre llamada teocintle, un cereal apreciado por los pueblos
recolectores-cazadores, ya que de su fruto –o mazorca– era posible tomar los
granos y comerlos.

En aquellos tiempos, el teocintle era recolectado por las mujeres para preparar
distintos alimentos y bebidas. Ellas fueron aprendiendo en qué épocas se
reproducía la planta y cuándo aparecían las mazorcas. También supieron
seleccionar aquellas plantas que daban mejores granos.

La manipulación selectiva de las plantas con mejores granos y los sucesivos
cruzamientos dieron lugar a cambios en la conformación de la planta de maíz: los
granos dejaron de tener una cubierta dura –que pasó a estar formada por hojas–
y no se desprendían con facilidad (lo que mejoraba su recolección y selección).
Además, aumentaron el tamaño de la mazorca y la cantidad de granos.

Gracias a esta primera práctica, muchos pueblos americanos dejaron de ser
recolectores y cazadores para permanecer en lugares fijos y convertirse en
poblaciones agrícolas. La cruza del maíz –entre otros motivos– lo hizo posible.

14

Uno de los primeros científicos en intentar explicar el mecanismo de la herencia mediante experimentos fue el austríaco
Gregor Johann Mendel (1822-1884). Desde niño se interesó en el
estudio de la naturaleza, y se dedicó principalmente a la jardinería. Le llamaba la atención la inmensa variedad de características
observadas en las plantas: los colores de sus flores, las formas de
sus hojas, las texturas de sus semillas, etc. Así, aplicó sus conoci-
mientos de jardinería y las técnicas de cruzamiento de plantas para
investigar y descubrir un gran misterio: de qué modo se transmi-
tían las características biológicas de una generación a la siguiente.
Él suponía que de este modo también podría llegar a predecir los
rasgos y la apariencia de las generaciones futuras.

Ya convertido en monje, Mendel eligió para sus experimentos dos variedades de una planta que crecía con facilidad en el
jardín del monasterio: la arveja o guisante *Pisum sativum*. Las

plantas elegidas diferían una de otra en características fácilmente observables: el color y la textura de la semilla, la longitud del tallo, la posición y el color de las flores, el color y el aspecto de la vaina. A estos rasgos o características distinguibles los denominó caracteres biológicos. Pero, además, cada uno de ellos presentaba dos alternativas o variedades posibles, por ejemplo: el color de las semillas podía ser amarillo o verde. Entonces, comenzó a cruzar plantas que conservaran durante varias generaciones la misma variedad para cada uno de los caracteres biológicos. Por ejemplo, que presentaran solo semillas de color verde. Las llamó líneas puras y esto resultó ser un requerimiento esencial para sacar conclusiones de los resultados de los experimentos que hizo a continuación.

Primero cruzó dos variedades de plantas de arvejas: una de semillas amarillas y otra de semillas verdes. Luego de un tiempo obtuvo la descendencia (una planta hija de la primera generación), a la que llamó filial 1 (F1), y se sorprendió al descubrir que todas las semillas que se originaban eran de color verde. ¿Qué habrá pasado con el color amarillo?, se preguntó Mendel. Decidió realizar, entonces, un segundo experimento: cruzó entre sí las plantas de la F1. Para su sorpresa, aparecieron nuevamente semillas amarillas en los segundos descendientes o filial 2 (F2).

Entonces, Mendel postuló que debía existir «algo» dentro de los individuos que determinaba la variedad observable de cada carácter biológico. A ese «algo» lo llamó factor hereditario y concluyó que se transmitía de generación en generación. También planteó que cada individuo tenía dos de esos factores hereditarios, y que cada uno provenía de cada progenitor. Al ver sus resultados y luego de realizar este análisis, sugirió que determinadas características dominan frente a otras.

En su ejemplo, el color verde es dominante, mientras que el color amarillo es recesivo y permanece oculto. En el único momento en que el color amarillo recesivo se manifiesta, es cuando el descendiente presenta sus dos factores hereditarios recesivos (de color amarillo).

Cultivando y cruzando plantas, Mendel encontró un fundamento científico asombroso para su época. Así, sentó las bases de la teoría

Generación P

×

Generación F$_1$

×

17

Generación F$_2$

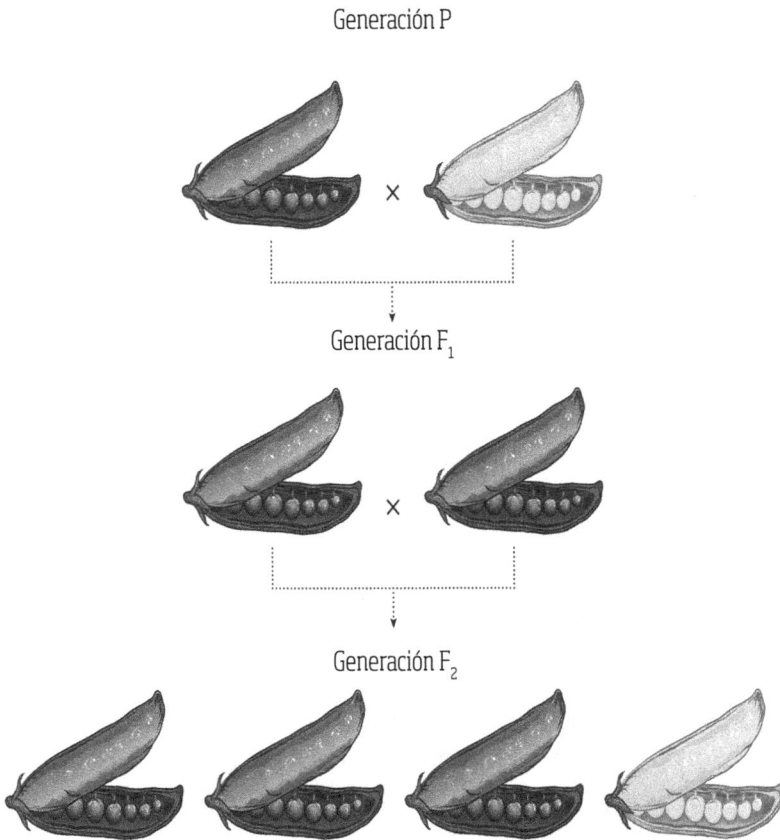

de la herencia. Y no solo eso: además supuso que cada individuo posee muchísimos factores que se transmiten de generación en generación, tantos como características heredables tenga.

Experimentos posteriores que realizó estudiando dos características (por ejemplo, el color y la textura de las semillas) le hicieron pensar que cada factor se hereda de forma independiente en relación con los demás, y puede combinarse con los otros y originar caracteres que no estaban presentes en la generación parental. Así, por ejemplo –y volviendo a los ejemplos del maíz, de los cerdos y de los perros–, puede aparecer en la descendencia un rasgo que antes no existía. ¡Una explicación formidable, de esas que cambian la historia!

El cariotipo humano tiene 23 pares de cromosomas. Los cromosomas de un mismo par se denominan homólogos. El par 23 es el sexual y está formado por dos cromosomas XX si el cariotipo es de una mujer o por dos cromosomas distintos, XY, si se trata de un varón.

LOS CROMOSOMAS

Las ideas de Mendel despertaron la curiosidad de muchos investigadores. Pronto se sospechó de que la información hereditaria estaba contenida en una parte central de las células que fue denominada núcleo. Los microscopios de la época, cada vez más precisos y potentes, permitieron reconocer en el núcleo unas estructuras muy particulares que cambiaban de forma: los cromosomas. ¡Allí estaban los caracteres hereditarios descriptos por Mendel! Esto se comprobó, entre otros motivos, porque cuando a partir de una célula se originaban dos –al producirse la división celular–, los cromosomas se repartían hacia una y otra célula hija. Además, se vio que en las células del cuerpo o somáticas estos cromosomas se encontraban de a pares. Vistos al microscopio, los cromosomas del mismo par tienen el mismo aspecto. Así fue posible ordenarlos y armar un «mapa de cromosomas» o cariotipo. Nosotros, los seres humanos, tenemos 23 pares de cromosomas, pero ese número varía en otras especies. Sin embargo, el valor es constante para todos los individuos de una misma especie. Veamos algunos ejemplos:

Especie	Pares de cromosomas
Pez carpa	47
Paloma	40
Perro	39
Oveja	27
Patata	24
Caracol	12
Centeno	7
Mosca de la fruta	4

18

CARIOTIPO HUMANO

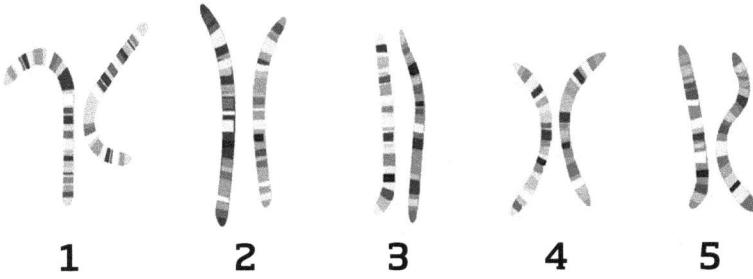

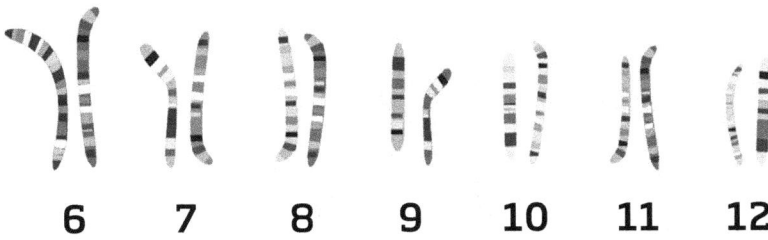

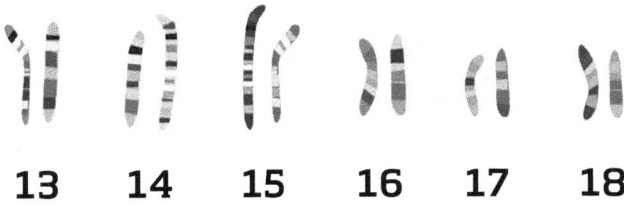

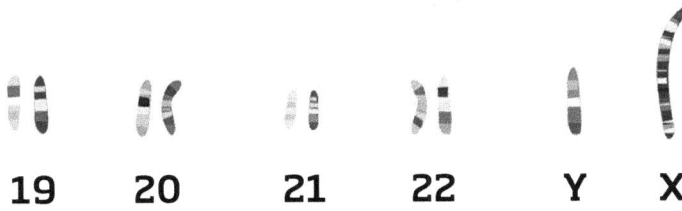

1   2   3   4   5

6   7   8   9   10   11   12

13   14   15   16   17   18

19   20   21   22   Y   X

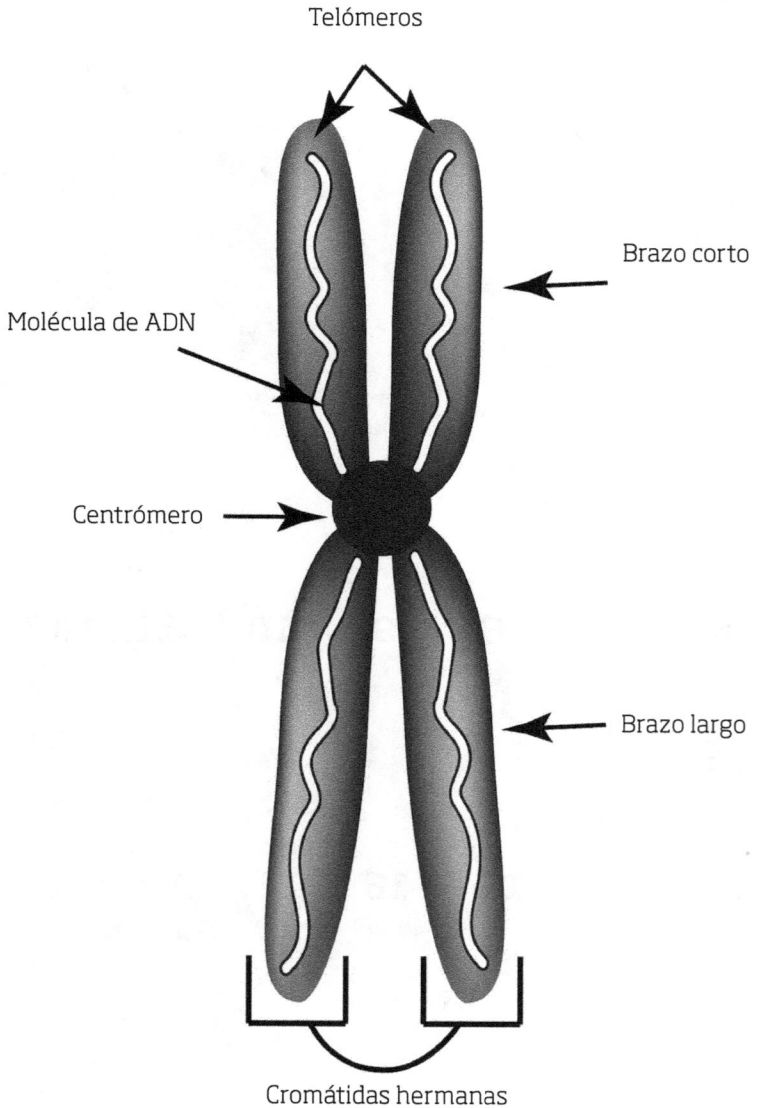

Telómeros

Brazo corto

Molécula de ADN

Centrómero

20

Brazo largo

Cromátidas hermanas

Cada cromosoma tiene una estructura doble, con dos partes idénticas y paralelas entre sí llamadas cromátidas hermanas. Estas cromátidas están unidas en un lugar llamado centrómero, cuya posición varía de un cromosoma a otro y resulta útil para clasificarlos. La posición del centrómero da origen a un par de brazos cortos y un par de brazos largos.

¿Y qué ocurre con las células sexuales o gametos de un espécimen, es decir, con las que intervienen en la formación de un nuevo individuo, como el óvulo y el espermatozoide en los seres humanos? Se comprobó que esas células tienen la mitad de los cromosomas que las del resto del cuerpo, es decir, uno solo de cada par. Al juntarse durante la fecundación, se vuelven a formar los pares de cromosomas homólogos con uno proveniente de la madre y otro del padre.

Hay dos aspectos muy importantes a tener en cuenta:

- El primero es que, cuando se forman los gametos –es decir, cuando se reduce la cantidad de cromosomas a la mitad–, el reparto ocurre al azar y en forma independiente, o sea que cada cromosoma homólogo de un par puede ir para cualquier célula, sin depender de los demás y de manera azarosa.
- El segundo es que, durante la división, pueden ocurrir intercambios de segmentos cromosómicos. Este proceso se denomina entrecruzamiento o *crossing over*.

21

ENTRECRUZAMIENTO ENTRE DOS CROMÁTIDAS DEL PAR HOMÓLOGO QUE NO SON HERMANAS.

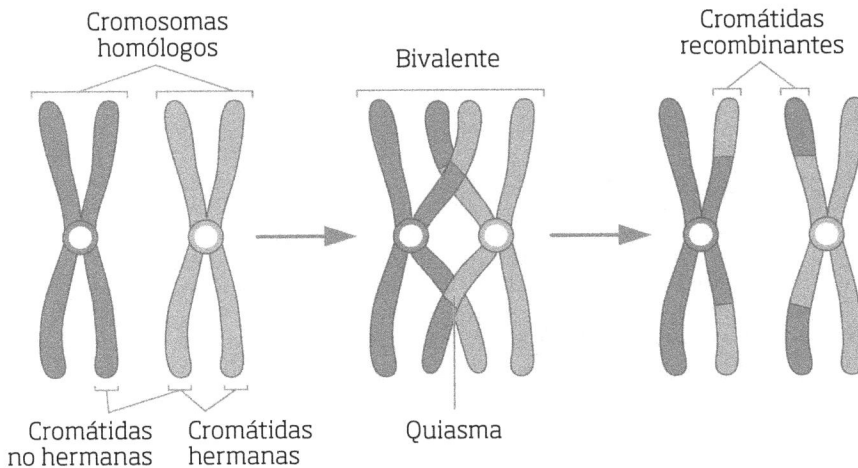

Cromosomas homólogos

Bivalente

Cromátidas recombinantes

Cromátidas no hermanas

Cromátidas hermanas

Quiasma

Ejemplares de ojos rojos de *Drosophila melanogaster* o mosca de la fruta.

¿QUÉ ES UNA TRISOMÍA?

En ocasiones la dotación cromosómica de una persona se ve alterada por la aparición de un cromosoma adicional. Las causas pueden ser variadas: por herencia de dos cromosomas juntos que no se separaron durante la formación de los gametos o porque uno de ellos se duplicó, entre otras. La mayoría de las trisomías no son compatibles con la vida, como las de los cromosomas 8, 9, 13 y 18. En caso de presentarse trisomía del cromosoma 21 se produce el síndrome de Down, y si se presenta trisomía del cromosoma 15, el síndrome de Prader-Willi.

EL EXPERIMENTO DE MORGAN

Alrededor de 1910, el científico estadounidense Thomas Hunt Morgan (1866-1945) eligió la mosca de la fruta para sus experimentos cuando descubrió una mosca de ojos blancos entre una mayoría de ojos rojos. Decidió cruzar una hembra de ojos rojos con un macho de ojos blancos. Así obtuvo su primera generación filial (F1) de moscas de ambos sexos, todas con ojos rojos. Según las leyes mendelianas, el rojo era el color dominante y el

Cada nucleótido está formado por un azúcar de cinco carbonos llamado desoxirribosa (D), un grupo fosfato (P) y una base nitrogenada que puede ser adenina, citosina, guanina, timina o uracilo. En este caso, adenina (A).

Grupo fosfato	Desoxirribosa (azúcar)	Base nitrogenada de adenina

24   blanco era el recesivo. Morgan continuó su experimento cruzando los descendientes de F1 para obtener la segunda generación filial (F2). Los resultados obtenidos fueron los esperados: la probabilidad era encontrar un 75% de las moscas con ojos rojos y solo un 25% con ojos blancos (proporción 3:1). Gracias a esos resultados, Morgan no solo logró validar las leyes de Mendel sino que además obtuvo el premio Nobel de Fisiología y Medicina en 1933 al demostrar que los cromosomas eran efectivamente los portadores de los «factores hereditarios» entre generaciones.

EL ADN: EL ENIGMA DE LA HERENCIA

El ácido desoxirribonucleico (ADN) entró en la escena científica recién en 1944, de la mano del médico canadiense Oswald T. Avery (1877-1955). Hasta ese momento, apenas se conocía que esta molécula está compuesta por partes pequeñas llamadas nucleótidos, no mucho más. Por otro lado, se pensaba que en los cromosomas había ADN asociado a proteínas y que ellas eran las portadoras de la información genética. Avery refutó esa creencia cuando, con sus colaboradores, comprobó que los cromosomas están formados

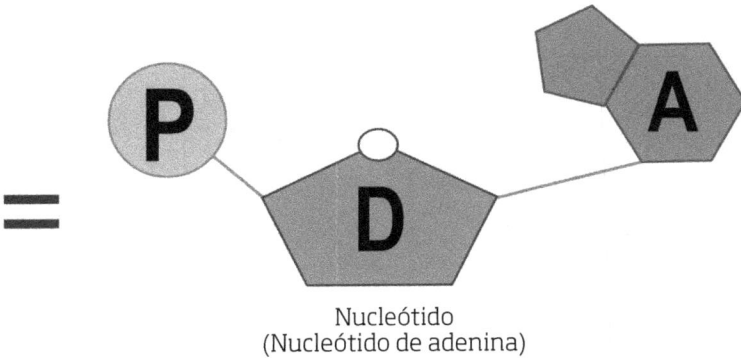

Nucleótido
(Nucleótido de adenina)

por ácido desoxirribonucleico (ADN) y que ese ADN sería el responsable de la transmisión de los caracteres hereditarios.

A pesar de que las conclusiones de Avery fueron resistidas por muchos de sus colegas, el ADN se convirtió en un objetivo importante para los investigadores de la época. Finalmente, sus hallazgos fueron reconfirmados en 1952 por los bioquímicos estadounidenses Martha Chase (1927-2003) y Alfred Hershey (1908-1997) en sus experimentos con virus que atacan bacterias.

EL MODELO DE WATSON Y CRICK

Lo que faltaba saber era cómo se disponían estos nucleótidos. La respuesta vino en 1953 de la mano de dos jóvenes biólogos, el estadounidense James Watson (1928) y el inglés Francis Crick (1916-2004). Juntos llegaron a la conclusión de que la estructura del ADN es una escalera helicoidal, con un armazón formado por dos cadenas de unidades pentosa-fosfato de los nucleótidos, que corren en direcciones opuestas (antiparalela), y peldaños constituidos por dos bases nitrogenadas apareadas: timina con adenina (T-A) y guanina con citosina (G-C).

Con el descubrimiento de la estructura del ADN surgió una nueva disciplina: la genética molecular.

ESQUEMA DE LA ESTRUCTURA DEL ADN, CONOCIDA TAMBIÉN COMO DOBLE HÉLICE

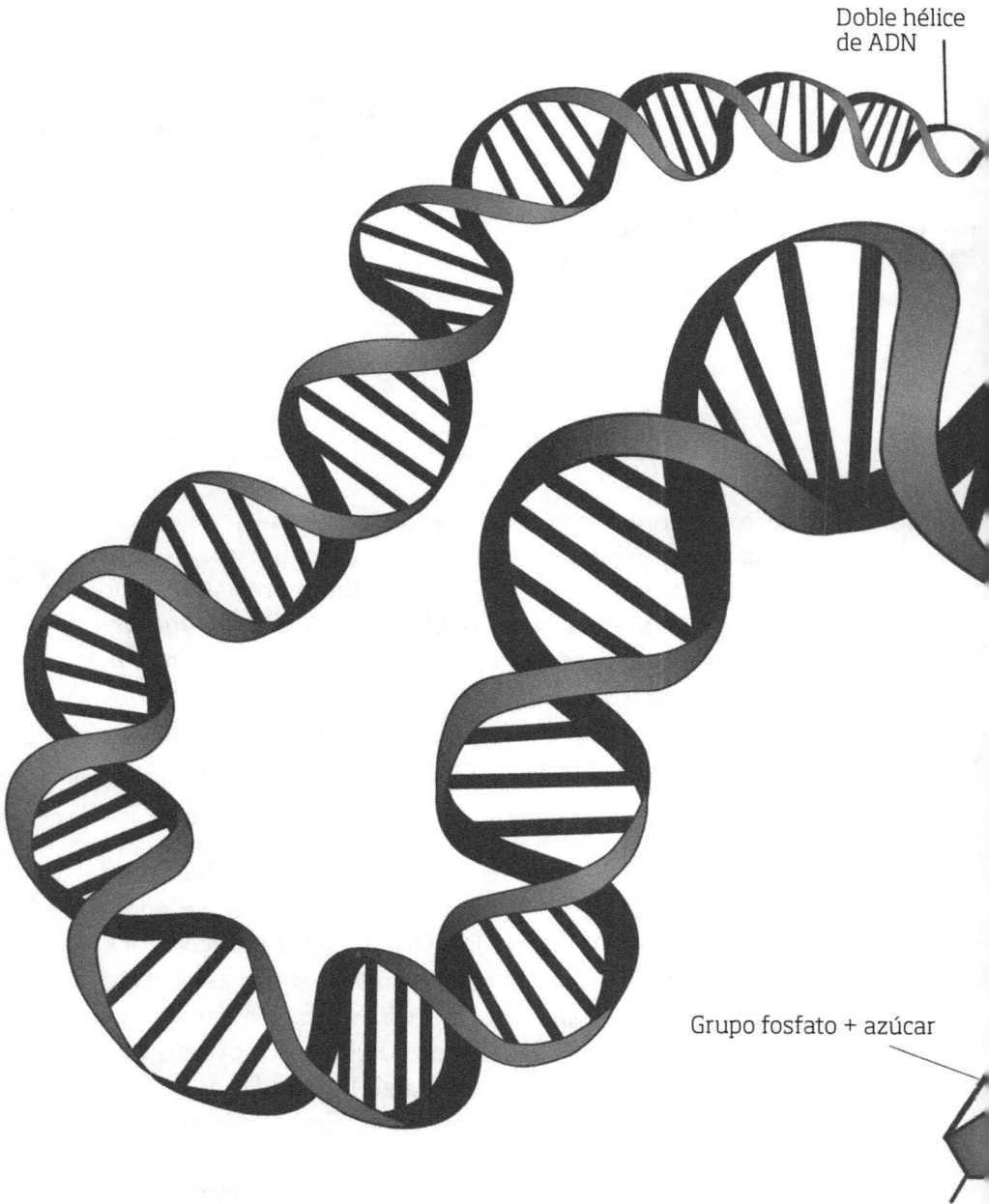

Doble hélice de ADN

Grupo fosfato + azúcar

Cromosoma

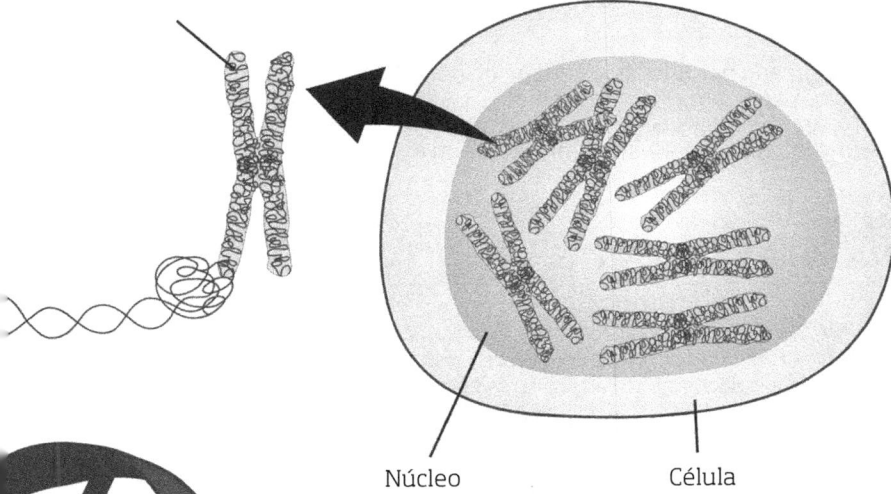

Núcleo

Célula

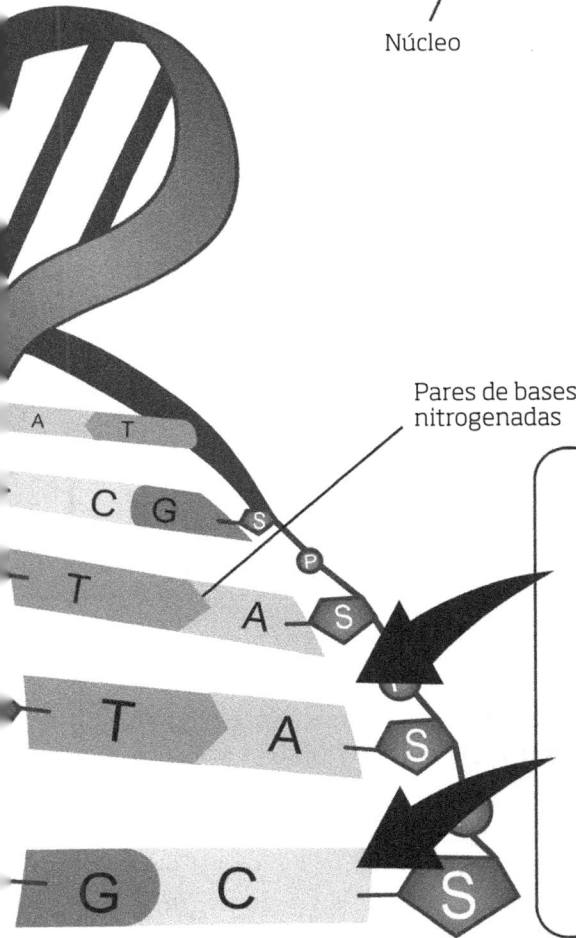

Pares de bases
nitrogenadas

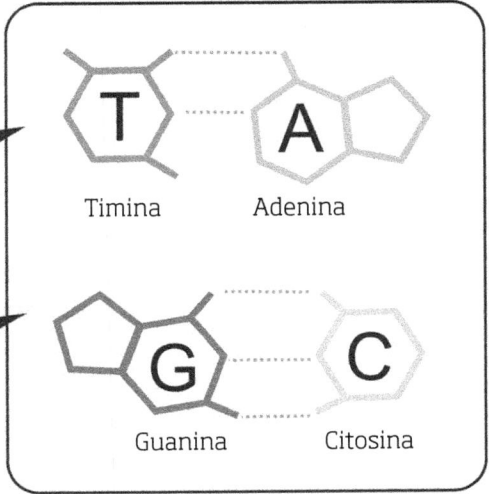

Timina   Adenina

Guanina   Citosina

Un gen está formado por una larga cadena de nucleótidos en la que se distinguen exones e intrones. Los exones son las regiones codificantes que van a proporcionar la información para la síntesis de una o más proteínas, mientras que los intrones son regiones no codificantes que se hallan intercaladas en el gen y tienen otras funciones.

UNA MUJER BRILLANTE

En 1962, James Watson, Francis Crick y Maurice Wilkins recibieron el premio Nobel de Medicina por sus estudios sobre la estructura del ADN. Pero ninguno mencionó a la doctora Rosalind Franklin en sus discursos de aceptación. Sin embargo, su propuesta de estructura del ADN se basaba en imágenes de esta molécula obtenidas por la científica inglesa con la técnica de difracción de rayos X que había aprendido durante su estancia en París a partir de 1947, y que había perfeccionado en el King's College, a su regreso a Londres. En esos años, Rosalind Franklin se había convertido en una experta en el ámbito mundial debido a la extraordinaria calidad con la que conseguía las imágenes.

En noviembre de 1951 dio una charla para exponer los resultados de su trabajo a sus colegas del King's College. Entre el público estaban Watson y Crick, invitados por Maurice Wilkins, compañero de Rosalind y también estudioso de la estructura del ADN. En ese momento, Watson y Crick empezaron a conocer el trabajo de Rosalind Franklin y a utilizar sus datos. Fue Wilkins quien enseñó a Watson y Crick imágenes de ADN hidratado tomadas por Rosalind Franklin, aunque sin su conocimiento ni su consentimiento. Entre ellas, la famosa fotografía número 51, conseguida junto con Raymond Gosling (1926-2015), un estudiante de doctorado que trabajaba con ella, en mayo de 1952.

Finalmente, la propuesta de la estructura del ADN fue publicada por Watson y Crick en la revista científica *Nature* en abril de 1953. Recién años más tarde, ambos científicos reconocieron a Rosalind Franklin como una científica brillante y a sus investigaciones como esenciales e irreemplazables en la formulación de la estructura del ADN.

LOS GENES

Ya sabemos que la información hereditaria se encuentra en el ADN que constituye los cromosomas. Pero ¿esa información está en todo el ADN?

Aquí corresponde definir un nuevo concepto: el gen. Un gen no es otra cosa que una pequeñísima porción de ADN, una unidad de información que se transmite de generación en generación. En el genoma (la totalidad del material genético) de la especie humana hay entre 20.000 y 25.000 genes. Normalmente el genoma de una

Exón

Intrón

Gen

Exón

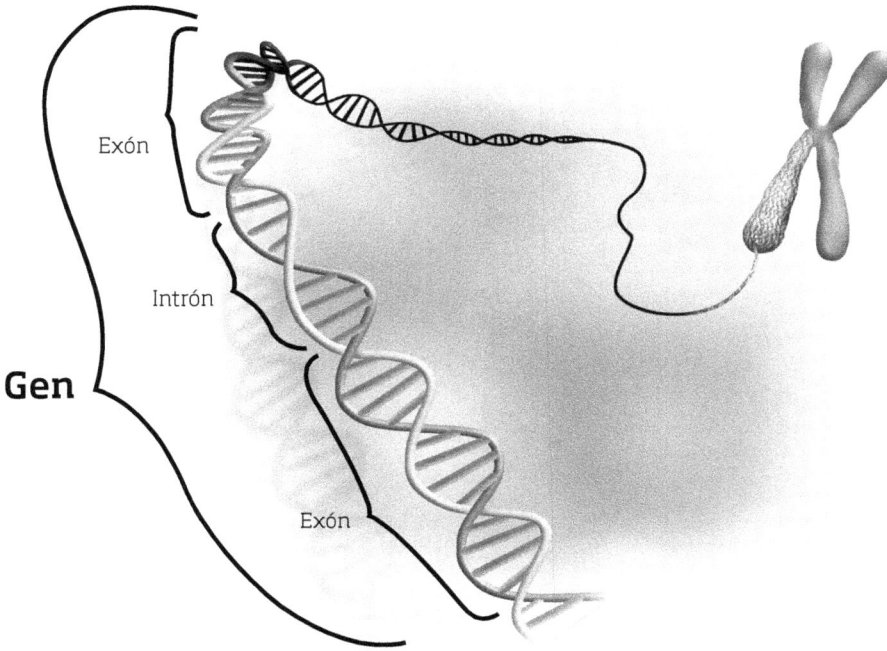

especie incluye numerosas variaciones en muchos de sus genes. Esas variaciones se denominan alelos y están presentes en distintos individuos. Si hablamos de un individuo en particular, al conjunto de genes que posee y ha heredado de sus progenitores se lo llama *genotipo*. Mientras que al conjunto de características físicas (aspecto), conductuales, etc., que se expresan sobre la base del genotipo, con influencia del ambiente registrada como marcas epigenéticas, se lo denomina *fenotipo*.

LA EPIGENÉTICA

La epigenética (del griego, «encima de los genes») estudia los cambios heredables en la expresión de los genes que no son atribuibles a alteraciones en la secuencia del ADN. Las marcas epigenéticas se producen en la cromatina, formada por ADN enrollado sobre proteínas. Estas marcas cambian la forma en que se expresan los genes.

Los mecanismos epigenéticos modifican la expresión de los genes al funcionar como un registro del ambiente. ¿Cuáles son los componentes de ese ambiente? La dieta, los rayos UV, el estrés, los fármacos, las drogas, el alcohol y el tabaco, el cuidado materno, las relaciones interpersonales, la actitud frente a la vida, entre otros. El ambiente modifica tanto la adición como la remoción de esas marcas sobre la cromatina.

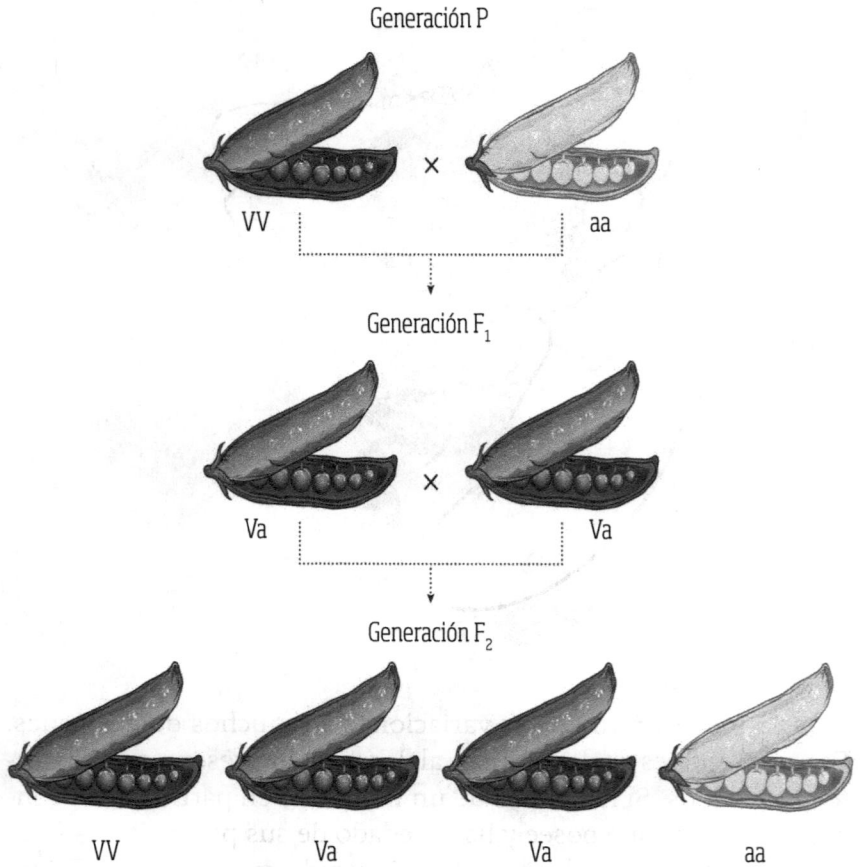

Generación P

VV × aa

Generación F$_1$

Va × Va

Generación F$_2$

VV Va Va aa

La posición que ocupa cada gen a lo largo del cromosoma se denomina *locus* (del latín, «lugar»). Por lo general, cada carácter viene determinado por una pareja de alelos o variantes del gen, cada uno de ellos aportado por un progenitor. Estos alelos ocupan la misma posición o *locus* en cada uno de los cromosomas homólogos.

Los alelos determinan el genotipo para cada carácter. Habitualmente se representa el alelo dominante con una letra mayúscula y el recesivo con una minúscula. Por ejemplo, si volvemos a las semillas verdes y amarillas de Mendel, el alelo dominante es el que codifica para el color verde (*V*), mientras que el recesivo es el amarillo (*a*). Las semillas verdes, entonces, podrían representarse con el genotipo *Va* o con el *VV*, mientras que las amarillas se representan con *aa*.

En esta imagen, que ya vimos con anterioridad, se han agregado los alelos que determinan el genotipo de cada planta para el carácter «color de la semilla».

Entonces podemos decir que, mediante el cruzamiento selectivo de plantas y animales, los seres humanos hemos aprendido a manipular, indirectamente, los genes de diferentes especies de seres vivos.

LA EXPRESIÓN DE LOS GENES Y LAS CARACTERÍSTICAS OBSERVABLES

El genoma es el conjunto del material genético que define a una especie viviente y contiene la información necesaria para desarrollar, mantener y regular un organismo a lo largo de su vida, y además se transmite de generación en generación. Sin embargo, la forma en que estas instrucciones se expresan depende, a su vez, de los factores epigenéticos. En consecuencia, la naturaleza de las instrucciones genéticas no es completamente determinista en todos los casos, si bien hay una serie de procesos en los que sí se cumple esa relación entre herencia y expresión final.

En la actualidad se sabe que prácticamente no existe una relación uno a uno entre genes y caracteres observables. Solo en algunas ocasiones un único gen determina completamente un carácter. Por ejemplo, el sistema sanguíneo ABO y el grupo Rh son determinados por un solo gen, respectivamente. La gran mayoría de los caracteres tienen una base poligénica, es decir que no existe un único gen que determina el carácter de forma unívoca, sino que este es el resultado de la acción simultánea de muchos genes, aunque no todos con la misma participación y sobre los cuales hay que añadir el efecto de las marcas epigenéticas. En cambio, un gen puede afectar más de un carácter. Por lo tanto, una modificación en un gen puede provocar alteraciones en varios caracteres, así como la expresión de cierto carácter depende de qué variantes se encuentran presentes en dos o más genes diferentes.

31

El color de ojos de una persona es determinado por la cantidad y la distribución del pigmento melanina en el iris.

EL SECRETO DE NUESTROS OJOS

Por lo general, en una población es frecuente que haya más de dos variantes de alelos para ciertos genes (alelos múltiples). Esto indica que cada gen del par de cromosomas homólogos codifica información para las mismas características del organismo, como por ejemplo el color de ojos, de piel o el grupo sanguíneo. Dependerá de la dominancia que un alelo ejerza sobre el otro para que se exprese una variante u otra de la característica en cuestión. Veamos un ejemplo: el color de ojos.

En el ser humano, los genes implicados en la determinación del color de ojos están ubicados en el cromosoma 15, cuyos alelos posibles son el marrón (*M*) y el azul (*a*), y en el 19, cuyos alelos posibles son el verde (*V*) y el azul (*a*). El marrón es dominante con respecto al verde y al azul, y el verde es dominante con respecto al azul. De este modo, las disposiciones alélicas pueden ser *MM*, *Ma* o *aa* en el cromosoma 15 y *VV*, *Va* o *aa* en el cromosoma 19.

- Si la disposición alélica fuera *aa* en el cromosoma 15 y *aa* en el 19, ambas recesivas, el color de ojos sería azul.
- Si la combinación fuera *Ma* en el 15 y *aa* en el 19, o *Ma* y *Va* respectivamente, la persona tendría ojos marrones.
- Si la combinación fuera *aa* en el 15 y *Va* en el 19, los ojos serían color verde.

Con estos datos, y conociendo el color de los ojos de nuestros padres biológicos, podemos estimar el genotipo para esta característica. ¡Solo es cuestión de animarnos!

Ojos azules

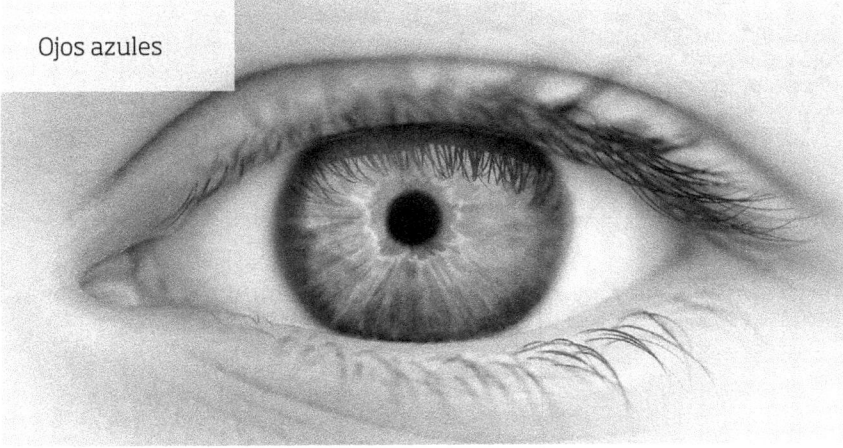

Ojos marrones

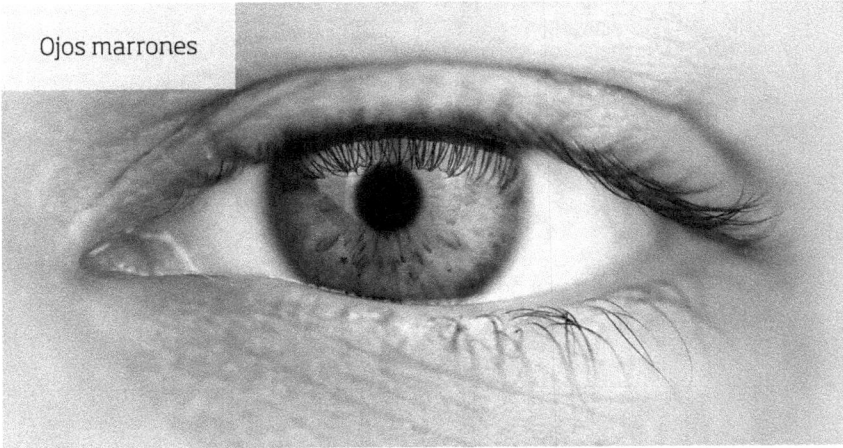

Ojos verdes

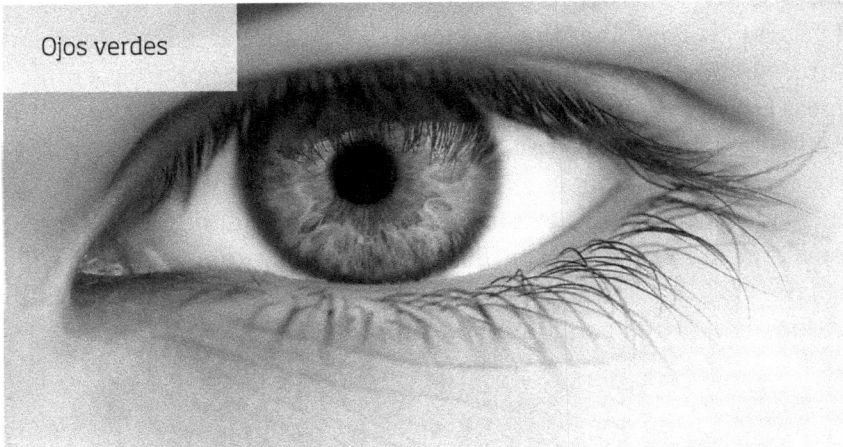

Los individuos que poseen grupos sanguíneos A, B y AB se caracterizan por tener moléculas denominadas antígenos en la membrana de los glóbulos rojos, mientras que en aquellos que poseen el grupo 0, sus glóbulos rojos no tienen antígenos en la membrana.

CCR5 Y LA INMUNIDAD A LA INFECCIÓN POR VIH

Para que el virus de la inmunodeficiencia humana (VIH) infecte ciertos glóbulos blancos, llamados linfocitos T, necesita de la presencia conjunta de las proteínas CD4, CXCE4 y CCR5, ubicadas en la membrana de las células, que funcionan como receptores o «puerta de entrada» para el virus.

La síntesis de la proteína CCR5 es codificada por un gen ubicado en el brazo corto del cromosoma 3. Cuando se produce una alteración o mutación en ese gen (llamada CCR5-delta32), el resultado es una proteína que no es funcional. Esto significa que uno de los componentes de la «puerta de entrada» no funciona y, por lo tanto, el VIH no podrá infectar los glóbulos blancos. Una teoría sugiere que esta mutación se originó en los actuales países nórdicos europeos y luego migró hacia el sur cuando los pueblos de esa región invadieron el resto de Europa.

Las personas que tienen dos copias del gen mutado CCR5-delta32, una en cada cromosoma homólogo, son inmunes a la infección por el VIH, mientras que las que tienen un solo gen mutado se pueden infectar pero es menos probable que desarrollen el síndrome de inmunodeficiencia adquirida (sida). Esto no quiere decir, de ninguna manera, que no haya que protegerse adecuadamente para evitar el contagio del virus, ya que este puede utilizar otras «puertas de entrada» a los glóbulos blancos y producir la infección.

LOS GRUPOS SANGUÍNEOS

Los grupos sanguíneos del sistema AB0 de los seres humanos son otro ejemplo de una característica determinada por alelos múltiples. Los cuatro grupos sanguíneos (A, B, AB y 0) están determinados por un gen que posee tres alelos: *iA*, *iB* e *i*. Los dos primeros son codominantes y el tercero es recesivo. El genotipo de los individuos con grupo A puede ser *iAiA* o *iAi*, el de aquellos que poseen grupo B puede ser *iBiB* o *iBi*, mientras que el genotipo de las personas que poseen grupo AB es siempre *iAiB*, y el de los individuos con grupo sanguíneo 0 siempre es *ii*.

Grupo sanguíneo tipo O

Grupo sanguíneo tipo B

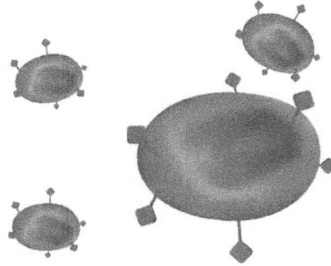

Grupo sanguíneo tipo A

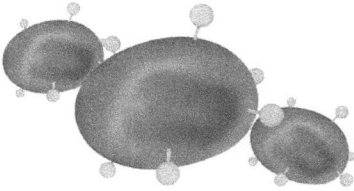

Grupo sanguíneo tipo AB

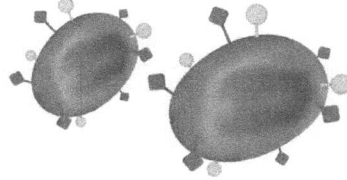

NUESTRO GENOMA, EN NÚMEROS

Los seres humanos compartimos el 99,9% del genoma. Como bien define el genetista brasileño Sérgio Pena (1947): «No es que seamos todos iguales sino que somos todos igualmente distintos». El 0,1% que resta del genoma es lo que nos hace únicos. En promedio, un gen humano tendrá entre uno y tres nucleótidos que difieren de persona a persona. Estas diferencias son suficientes para cambiar la forma y la función de una proteína, la cantidad de proteína que se sintetiza y cuándo o dónde se sintetiza. Afectan el color de los ojos, el cabello y la piel. Pero aún más importante es el hecho de que las variaciones en el genoma también afectan el riesgo de desarrollar enfermedades y las respuestas a los medicamentos.

LA MANIPULACIÓN DEL GENOMA

Cómo reescribir el libro de instrucciones

El material genético de una especie, como la humana, en su conjunto, forma el genoma, algo así como el «libro de instrucciones» que determina cómo somos. Los grandes avances en el estudio de los genes producidos en el último medio siglo han permitido manipularlos de diversas formas. En la actualidad, se pueden borrar algunas frases de ese «libro», modificarlas, amplificarlas y corregirlas cambiando las letras o palabras erróneas, se pueden combinar frases de dos libros, introducir frases de un libro a otro o, incluso, obtener una copia idéntica del libro completo. Todo ello, gracias a procedimientos de la ingeniería genética que se aplican desde hace algunos años y a otros nuevos que se encuentran en pleno desarrollo.

METODOLOGÍAS PARA MANIPULAR GENES

Cuando los científicos comprendieron la estructura de los genes y cómo la información que portaban se traducía en funciones o características, comenzaron a buscar la forma de aislarlos, analizarlos, modificarlos, eliminarlos, silenciarlos, clonarlos, controlar su expresión o transferirlos de un organismo a otro para otorgarles una nueva característica. Para ello utilizaron, en diversos procedimientos de laboratorio, «herramientas» que las células mismas poseen: las enzimas, proteínas que aceleran la velocidad de las reacciones químicas y que posibilitan todos los procesos vitales.

LA TECNOLOGÍA DEL ADN RECOMBINANTE

La historia comenzó en 1972, cuando se descubrió la ADN ligasa, una enzima que permite pegar genes. Ese mismo año los científicos estadounidenses Paul Berg (1926) y Peter Lobban, de forma independiente, obtuvieron la primera molécula de ADN recombinante a partir de la unión de trozos de ADN de especies diferentes.

En 1973 se produjo un salto cualitativo en la búsqueda de transferir uno o más genes de un organismo a otro: un grupo de investigadores, entre quienes estaban Stanley Cohen (1935) y Herbert Boyer (1936), sintetizó *in vitro* un plásmido (molécula de ADN circular de bacterias y otras células) que confería resistencia al antibiótico tetraciclina, al que le combinaron un fragmento de ADN de rana. Posteriormente, lo introdujeron en la bacteria *Escherichia coli*. Habían creado el primer organismo genéticamente modificado (OGM) mediante la tecnología del ADN recombinante.

Tales fueron el revuelo y las controversias que causaron estos experimentos que, en 1974, varios científicos firmaron una carta en la que solicitaban una moratoria en la investigación sobre ADN recombinante para conjurar el miedo de la sociedad a la creación de plagas, la alteración de la evolución humana o la degradación del entorno.

El desarrollo de la tecnología del ADN recombinante fue posible gracias al descubrimiento de las enzimas de restricción y el uso de vectores, como los plásmidos, los virus, los cósmidos y los cromosomas artificiales. Las enzimas de restricción son proteínas que reconocen secuencias de entre cuatro y ocho pares de bases en el ADN y cortan. Los extremos generados se unen mediante otra enzima, la ADN ligasa, para formar una molécula de ADN nueva, denominada recombinante. Existe una gran variedad de enzimas de restricción que actúan sobre un amplio número de secuencias de ADN. De esta manera, es posible aislar el fragmento de ADN del genoma original para insertarlo en otra molécula de ADN. Los plásmidos son moléculas de ADN circulares, originalmente aislados de bacterias. Por lo general, tienen un número pequeño de genes, algunos de ellos asociados con la resistencia a los antibióticos. Se encuentran separados del ADN bacteriano y se replican en forma independiente de él. Cada bacteria suele producir muchas copias de un plásmido, a diferencia del ADN bacteriano, del cual hace una copia única. El hecho de que los plásmidos sean más pequeños y se encuentren en mayor número hace que sea más fácil aislarlos en forma pura.

39

EL CONGRESO INTERNACIONAL SOBRE EL ADN RECOMBINANTE

En febrero de 1975, Paul Berg convocó a 140 científicos, médicos y legisladores en el centro de conferencias Asilomar State Beach, en California, Estados Unidos, para debatir las implicaciones éticas de la ingeniería genética.

En esta conferencia se establecieron diversos principios de bioseguridad con el objetivo de prevenir una fuga accidental de organismos recombinantes que afectaran al ser humano o a los animales.

La recomendación clave señalaba que, en el estudio de virus humanos o animales, las bacterias utilizadas no debían poder sobrevivir fuera del laboratorio. De esta manera, se reducían en gran medida las posibilidades de liberación involuntaria de un «supermicroorganismo» al medio ambiente.

Plásmido

Escherichia coli

Sitios de restricción

Plásmido recombinante

La bacteria se reproduce

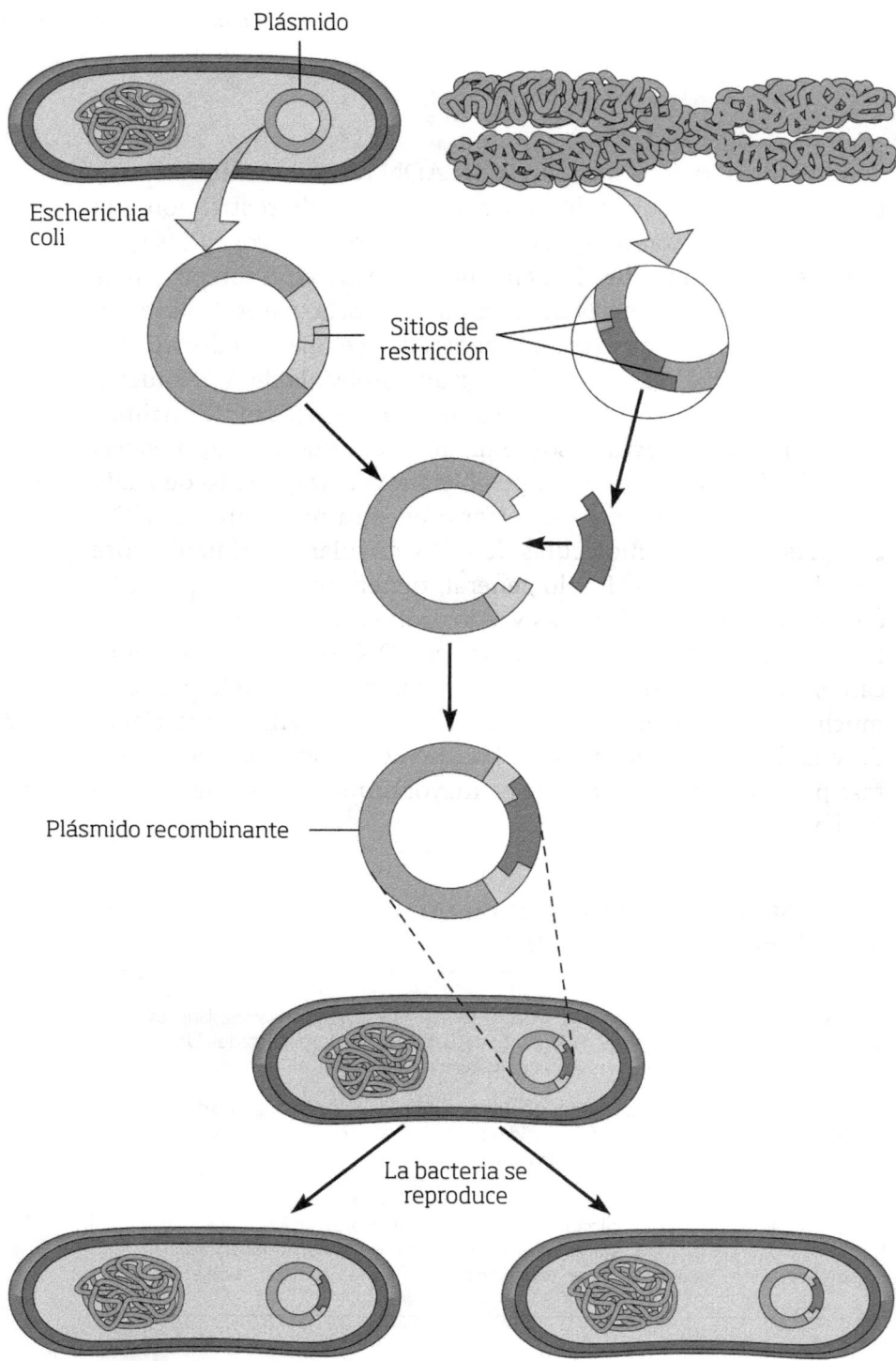

Las bacterias contienen copias del gen foráneo

**Esquema de bacterias productoras de insulina
por tecnología del ADN recombinante.**

1.° Se extraen y purifican plásmidos de determinadas bacterias.

2.° Del ADN humano se aísla el gen que codifica para la producción
de insulina.

3.° Se «pega» ese gen a los plásmidos aislados, es decir que se obtiene
ADN recombinante.

4.° Se vuelven a incorporar los plásmidos modificados a las bacterias.

5.° Se seleccionan las bacterias que contienen ADN recombinante.

6.° Estas bacterias se multiplican con el ADN recombinante que se expresa,
y producen insulina humana.

EL CÓDIGO DE BARRAS DE ALEC JEFFREYS O LA HUELLA GENÉTICA

Aquella mañana de septiembre de 1984, la vida científica del inglés Alec Jeffreys (1950) cambió para siempre. Mientras observaba unas placas de rayos X realizadas sobre un experimento de ADN cuyas muestras se habían obtenido de varios miembros de la familia de su ayudante, advirtió inesperadamente las similitudes y diferencias en el ADN de los distintos miembros del conjunto. Claramente se veía que esta especie de código de barras o huella genética de su ayudante consistía en una combinación de la de su madre y su padre, pero a la vez era única.

El ADN de un individuo solo coincide con el de un gemelo idéntico, pero con respecto a los demás individuos difiere en ciertas regiones en las que unos pequeños fragmentos, llamados minisatélites, se repiten una y otra vez. El número de veces que se repiten varía de un individuo a otro. Si se analiza la repetición de esas secuencias, da como resultado la huella genética que identifica a cualquier individuo.

Jeffreys había tropezado con un método de identificación basado en el ADN que podría utilizarse no solo para identificación de personas en medicina forense a partir de material biológico (semen, pelo, sangre, saliva, etc.), sino además para dilucidar todo tipo de relaciones familiares o en la compatibilidad en la donación de órganos.

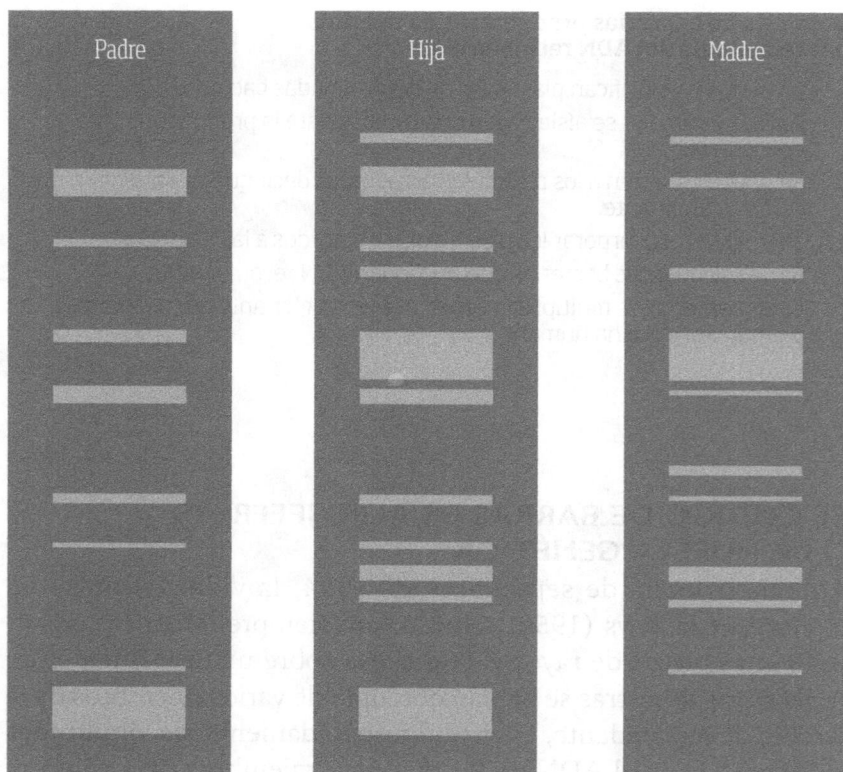

BANCO NACIONAL DE DATOS GENÉTICOS

El Banco Nacional de Datos Genéticos es una institución argentina creada en 1987 que se encarga de obtener y almacenar información genética para determinar casos de filiación de hijos e hijas de personas desaparecidas durante la última dictadura cívico-militar que hubiesen sido secuestrados junto a sus padres o hubiesen nacido durante el cautiverio de sus madres.

Ante un reclamo de paternidad por parte de la madre de una niña se realiza la huella genética de la madre, de la niña y del presunto padre. En este caso, la niña tiene un patrón que coincide con el de la madre y con el del presunto padre. De esta manera se corrobora que, efectivamente, es el padre.

LA AMPLIFICACIÓN DE ADN

Así como la ingeniería genética utiliza las enzimas de restricción, también se vale de las polimerasas, enzimas que agregan nucleótidos a partir de un fragmento de ADN como molde. Las más frecuentes son las que se usan para amplificar el ADN. La amplificación del ADN a partir de reacciones en cadena mediadas por la polimerasa –conocida como PCR (*polymerase chain reaction*)– es la técnica de preferencia utilizada para la realización de la huella genética. Pero también es utilizada para:

- Clonar secuencias de ADN en vectores, como los plásmidos.
- Detectar virus o bacterias causantes de enfermedades infecciosas.
- Detectar mutaciones en el ADN que provoquen algún tipo de enfermedad. Así, se pueden efectuar análisis del ADN de los futuros padres para saber si son portadores, o analizar el ADN de sus hijos por si están afectados por una enfermedad hereditaria.
- Determinar la carga viral existente en la infección por VIH para saber en qué estadio se encuentra la enfermedad.
- Recuperar las escasas cantidades de ADN que aún no se han degradado por el transcurso del tiempo; de ese modo es posible caracterizar restos fósiles o incluso genomas de especies extintas, como los realizados mediante el ADN del hombre de Neanderthal.

43

Esta técnica fue desarrollada en 1986 por el estadounidense Kary Mullis (1944-2019), premio Nobel de Química 1993.

Bajo ciertas condiciones, pequeñas cantidades de ADN pueden sobrevivir por largos períodos de tiempo y ser amplificadas mediante la PCR. La recuperación del ADN mitocondrial a partir de huesos fósiles del hombre de Neanderthal (*Homo neanderthalensis*) se encuentra entre las contribuciones más significativas en la obtención y estudio de ADN antiguo.

EL EQUIPO ARGENTINO DE ANTROPOLOGÍA FORENSE

El Equipo Argentino de Antropología Forense (EAAF) es una organización no gubernamental (ONG) sin fines de lucro de carácter científico creada en 1984 por iniciativa de organizaciones de derechos humanos. Su primer objetivo fue desarrollar técnicas de antropología forense que ayudaran a descubrir qué había sucedido con las personas desaparecidas durante la última dictadura cívico-militar y a restituirlas a sus familias. Desde 1986, el EAAF ha trabajado en 50 países de Latinoamérica, África, Asia y Europa, aunque se hizo mundialmente conocido por haber identificado los restos de Ernesto «Che» Guevara en Bolivia y de 90 soldados caídos en la Guerra de Malvinas.

TÉCNICA DE HIBRIDACIÓN DEL ADN

44

Cuando hablamos de la técnica del ADN recombinante, nos referimos al gen que codifica la síntesis de insulina humana. Pero ¿cómo sabemos cuál es? ¿Y dónde está ubicado?

Antes de poder manipular un fragmento de ADN específico, este debe localizarse dentro del genoma. Para que esto suceda, se recurre a la técnica de hibridación, que aprovecha la propiedad del ADN de separarse en dos cadenas –por ejemplo, cuando se lo expone a temperatura alta– y de aparearse con cadenas total o parcialmente complementarias de otro ADN o ARN para formar una doble hélice híbrida. Mediante esta técnica se pueden localizar secuencias de ADN de interés con fragmentos cortos de otro ácido nucleico, en general marcados radiactivamente. Los híbridos marcados corresponden al fragmento de ADN que se desea estudiar.

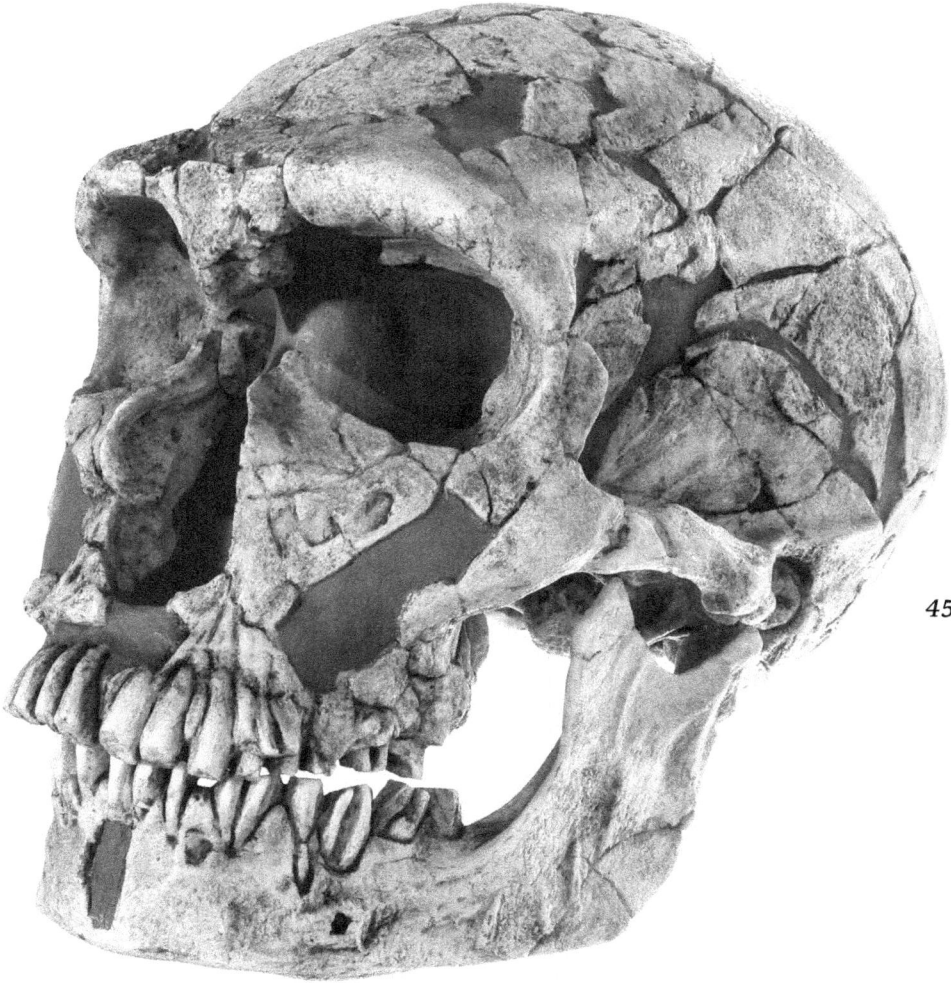

¿QUÉ ES EL ARN?

El ácido ribonucleico es otro tipo de ácido nucleico que participa en la expresión de los genes. Para que esto suceda, la información genética contenida en el ADN se «copia» o transcribe a moléculas de ARN. A partir de estas moléculas, la información se traduce a otro «lenguaje»: el de las proteínas, como resultado de la expresión de ese gen, es decir que se «visualiza» en el fenotipo.

LOS BIOCHIPS: HIBRIDACIÓN
DE ÚLTIMA GENERACIÓN

Los biochips o micromatrices son pequeños dispositivos, similares a los microchips de las computadoras, que surgen de la convergencia entre la biotecnología y la informática, y presentan una amplia variedad de aplicaciones en el campo de la biología y la medicina.

El material biológico llamado sonda (ADN o proteínas) se deposita e inmoviliza en una matriz sobre una superficie sólida de vidrio o silicio. Una vez generado el biochip, se pone en contacto la muestra o blanco que contiene secuencias del gen que se desea analizar y que previamente han sido marcadas con fluoresceína, un colorante. Las cadenas de ADN presentes en la muestra a analizar se unen o hibridan con las complementarias que se encuentran inmovilizadas en el biochip. Las demás quedarán libres en solución y luego serán eliminadas mediante una serie de lavados. Por último, se procederá a la detección e identificación de la muestra, previamente marcada, que estará unida con el ADN inmovilizado en el biochip. Mediante esta técnica se puede obtener gran cantidad de datos e información en un tiempo muy breve, puesto que permite analizar múltiples muestras biológicas en simultáneo.

Los biochips tienen un amplio campo de aplicaciones, ya sea en el ámbito experimental, en el industrial o en el humano.

- Seguimiento terapéutico. Puesto que cada individuo puede responder de forma distinta ante la terapia con un mismo fármaco, el análisis genómico permitirá analizar cuáles son los óptimos para una terapia exitosa. Se trata de fármacos «a medida» o farmacogenómica.
- Detección de mutaciones. Permite comparar las diferencias de la secuencia de los genes normales y los genes que presentan alguna mutación que originan una enfermedad, como por ejemplo el cáncer.
- Diagnóstico clínico. Se pueden utilizar biochips para la detección de microorganismos patógenos. La identificación rápida de estos se realiza utilizando marcadores genéticos

(secuencias conocidas de ADN del microorganismo), con la finalidad de estudiar los mecanismos de resistencia a los antibióticos.

- Monitorización de la expresión de distintos genes. Se trata de la cuantificación simultánea de la expresión de un número elevado de genes. También permite comprobar su patrón de expresión comparando su actividad en un tejido sano y uno enfermo.

- Medicina preventiva. Se pueden realizar estudios de epidemiología genética, puesto que el conocimiento de los rasgos genéticos de las poblaciones permitiría determinar la predisposición a sufrir ciertas enfermedades, incluso antes de que aparezcan síntomas, lo que posibilitaría así una medicina preventiva más eficaz.

ANGELINA JOLIE Y LOS GENES BRCA

En mayo de 2013, la actriz estadounidense anunció que era portadora de una mutación heredada en los genes BRCA1 y BRCA2, que bajo condiciones normales intervienen en procesos de reparación del material genético. Las mutaciones de estos genes están asociadas con un incremento en la predisposición al desarrollo de cáncer de mama y/o de ovario a lo largo de la vida, aunque esto no quiere decir que se vaya a padecer la enfermedad.

¿El cáncer es hereditario? Las mutaciones en genes de células germinales que se transmiten de generación en generación y que implican un riesgo de contraer cáncer hereditario son muy poco frecuentes, alrededor del 5% de todos los casos de cáncer. Sin embargo, como su madre y su tía murieron jóvenes a causa de un cáncer de ovario, Angelina tomó la drástica decisión de someterse a una mastectomía doble y, dos años después, a la extirpación de los ovarios y las trompas de Falopio.

47

Tras el revelado del biochip con escáner óptico, se localizan las cadenas fluorescentes correspondientes a la secuencia del ADN en estudio. Mediante una computadora, se analiza la información procedente del escáner y se obtiene el resultado como una matriz de puntos de diferentes colores e intensidades, que representa dónde y qué cantidad de la secuencia de ADN analizada se ha unido con las secuencias de ADN inmovilizado en el biochip.

FÁRMACOS «A MEDIDA»

La farmacogenómica es una combinación de dos campos de la investigación: la farmacología y la genómica. Las diferencias entre las personas en la respuesta a los fármacos se relacionan con las diferencias entre sus genomas. En otras palabras, cada individuo responde a un medicamento de un modo particular.

La farmacogenómica se utiliza más comúnmente para estudiar si las ligeras diferencias que existen en los genomas de una población tendrán una influencia positiva en la respuesta a un medicamento (efecto terapéutico esperado) o negativa (falta de efecto terapéutico) o si se podrá predecir un efecto secundario de ese fármaco.

Tales diferencias en los genes tienen relación con la producción de proteínas específicas que participan en los distintos procesos que experimentan los medicamentos en el organismo, desde su absorción, su acceso al torrente sanguíneo, su distribución en los tejidos donde se busca que tengan efecto terapéutico, su degradación y su posterior eliminación del cuerpo. Si se conocen estas características, se podrán diseñar fármacos «a medida», adaptados a las características hereditarias, para incrementar la efectividad y minimizar los efectos secundarios indeseables.

50

CLONACIÓN, O CÓMO HACER COPIAS GENÉTICAMENTE IDÉNTICAS

Algunas plantas y organismos unicelulares, tales como protozoos (amebas y paramecios), bacterias y levaduras, se reproducen de forma asexual y dan origen a descendientes genéticamente idénticos. Por ejemplo, basta con colocar un brote de potus en agua: en unos días echará raíces y la nueva planta podrá colocarse en tierra para que siga creciendo. Será un clon de la que le dio origen. En la reproducción asexual, un nuevo individuo se genera a partir de un solo organismo progenitor. Las células de ambos tendrán la misma información genética.

Los seres humanos tienen reproducción sexual, es decir que para que se origine un nuevo individuo hacen falta dos células sexuales o gametos, una femenina (el óvulo) y otra masculina (el espermatozoide). Por lo cual, la descendencia no será ni genética ni físicamente idéntica a ninguno de los padres, sino la combinación de ambos. Pero en ellos y en algunos animales ocasionalmente se presentan clones naturales, conocidos como gemelos

En 1979, se produjeron los primeros ratones genéticamente idénticos al dividir embriones en un tubo de ensayo y luego implantarlos en los úteros de ratas adultas.

idénticos. Estos se originan cuando un óvulo fecundado se divide y genera dos embriones que contienen idéntico material genético.

En los últimos cincuenta años, científicos de todo el mundo han realizado experimentos de clonación en una gran variedad de animales, mediante técnicas diversas. En 1979, se produjeron los primeros ratones genéticamente idénticos al dividir embriones en un tubo de ensayo y luego implantarlos en los úteros de ratonas adultas. Poco después, se clonaron las primeras vacas, ovejas y pollos por transferencia del núcleo de una célula tomada de un embrión en las primeras etapas de desarrollo a un óvulo al que se le había quitado su núcleo.

51

La clonación artificial incluye una variedad de procesos que pueden usarse para producir copias genéticamente idénticas de un material biológico. El material copiado, que tiene la misma composición genética que el original, se conoce como clon. Mediante esta técnica se pueden clonar genes, células, tejidos e incluso organismos enteros. ¿Qué tipos de clonación existen? Básicamente, tres tipos:

• Clonación genética. Se utiliza para obtener ADN recombinante. El procedimiento consiste en introducir un gen o fragmento de ADN de un organismo en el material genético de una célula mediante un vector (plásmido, virus, cósmido o cromosoma artificial) e inducir su multiplicación para obtener un clon o población genéticamente homogénea. Cada célula de un clon posee múltiples copias de las moléculas recombinantes. La clonación genética es una técnica cuidadosamente regulada, que en la actualidad es aceptada y utilizada de manera habitual en muchos laboratorios en el mundo.

Los gemelos idénticos tienen la misma composición genética pero son genéticamente distintos de sus padres.

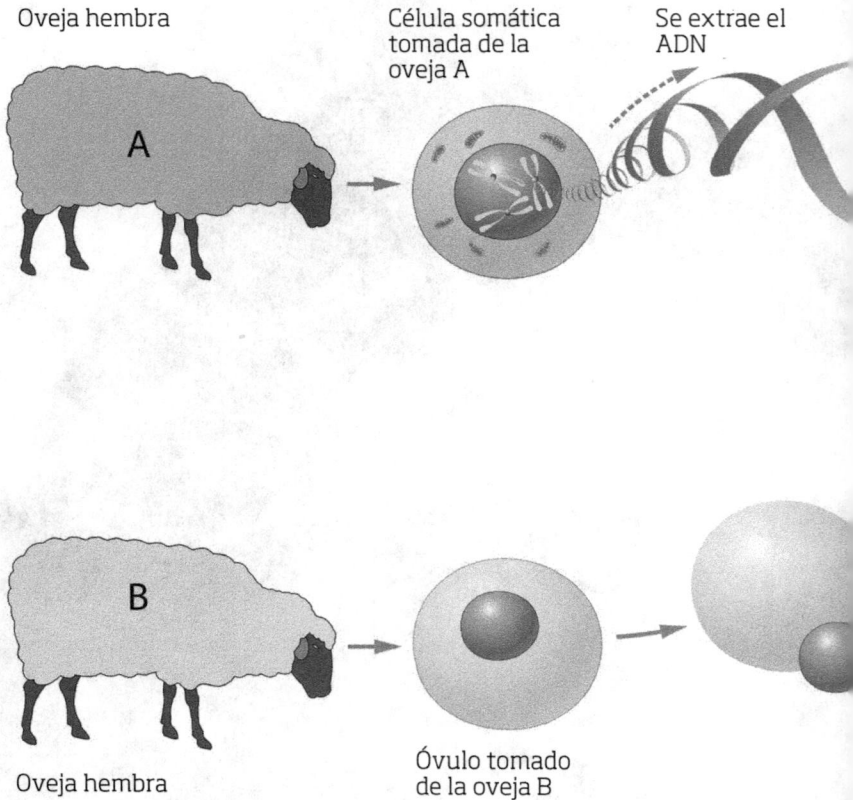

Oveja hembra

Célula somática
tomada de la
oveja A

Se extrae el
ADN

A

B

Oveja hembra

Óvulo tomado
de la oveja B

- Clonación reproductiva. Se emplea para producir copias de animales enteros. Se le extrae el núcleo a una célula somática madura –por ejemplo, una célula de la piel– del animal que se desee copiar y se inyecta en un óvulo al que se le ha extraído su propio núcleo. Así, se deja que el óvulo se desarrolle *in vitro* para convertirse en un embrión en las primeras etapas y luego se implanta en el útero de una hembra adulta. Finalmente, el clon nacido tendrá la misma composición genética que el animal que donó la célula somática. El debate generado en la opinión pública a partir del éxito de esta técnica se centró en las consecuencias éticas de utilizarla para la duplicación de seres humanos, a pesar de que muchos científicos sostienen que esta posibilidad es aún remota.

En 1996, los investigadores escoceses Keith Campbell y Ian Wilmut, del Roslin Institute de Edimburgo, tuvieron éxito en clonar al primer mamífero utilizando el núcleo de células derivadas de la glándula mamaria de una oveja adulta, para reconstruir embriones de ovejas con óvulos previamente vaciados de su material genético. Después de 276 intentos, finalmente nació la oveja Dolly.

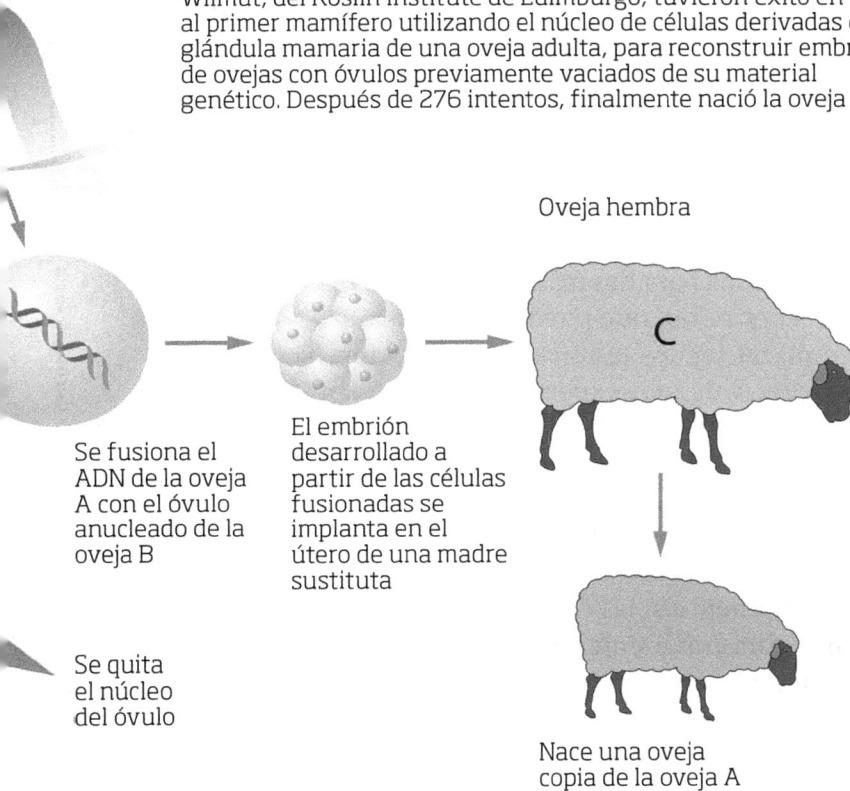

Oveja hembra

Se fusiona el ADN de la oveja A con el óvulo anucleado de la oveja B

El embrión desarrollado a partir de las células fusionadas se implanta en el útero de una madre sustituta

Se quita el núcleo del óvulo

Nace una oveja copia de la oveja A

55

- Clonación terapéutica. Esta técnica permite obtener células madre embrionarias pluripotentes capaces de convertirse en cualquier tipo celular, que luego podrían utilizarse con fines terapéuticos para reemplazar tejidos lesionados. Al igual que en la clonación reproductiva, se extrae el núcleo de una célula somática y se inyecta en un ovocito, antes de que se convierta en un óvulo maduro, con el fin de reprogramarlo a un estado embrionario. En esta etapa, el embrión es un grupo de alrededor de 100 células no diferenciadas, que pueden convertirse en células de cualquier tipo de tejido. Las células se extraen, se cultivan *in vitro* y se las diferencia en células cardíacas, neuronas, pancreáticas, etc., para finalmente trasplantarlas al órgano dañado sin que se

El primer mamífero clonado a partir de células adultas demostró ser una oveja como cualquier otra, y dio a luz seis corderitos a lo largo de su vida. Luego de su muerte, en 2003, Dolly fue embalsamada y exhibida en el Museo Nacional de Escocia.

produzca un rechazo. Los investigadores tienen la esperanza de utilizar células madre embrionarias para desarrollar tejidos sanos en el laboratorio, que puedan usarse para reemplazar tejidos lesionados o afectados. No obstante, a algunos expertos les preocupan las impresionantes similitudes entre las células madre y las cancerosas. Ambos tipos tienen la capacidad de proliferarse de manera indefinida. Por lo tanto, la relación entre las células madre y las cancerosas necesita entenderse más claramente si las células madre han de usarse para tratar enfermedades humanas. Además, esta técnica requeriría la destrucción de embriones humanos en el tubo de ensayo. Por consiguiente, los que se oponen a su uso argumentan que no es éticamente correcto.

LA EXPANSIÓN DE LA INGENIERÍA GENÉTICA

Cómo mejorar la calidad de vida de la población mundial

«Mediante la ingeniería genética se pueden obtener plantas que producen más, que presentan una mayor resistencia a los insectos, enfermedades y malas condiciones del suelo, que portan los nutrientes necesarios, que reducen el uso de los cuestionables insecticidas químicos, que carecen de antígenos indeseables, que se conservan mejor, y que producen fármacos u otros productos deseados. El error básico al rechazar los alimentos transgénicos consiste en condenar el proceso, cuando lo que se debería juzgar es el producto.»

Paul Boyer, premio Nobel de Química 1997

ORGANISMOS GENÉTICAMENTE MODIFICADOS

En el último medio siglo se ha logrado producir organismos genéticamente modificados a los cuales se les ha alterado parte de su genoma, ya sea por supresión, silenciamiento, inserción, intercambio o sobreexpresión de genes, lo cual provoca cambios muy precisos en sus caracteres hereditarios que los dota de una característica que antes no tenían. Aunque no todos los organismos genéticamente modificados involucran al ser humano, debemos considerar que la repercusión que han tenido en la seguridad de los alimentos y, por lo tanto, en la salud de los consumidores es una cuestión que ha suscitado mucha polémica.

Las tres cuestiones que más preocupan a las autoridades de control son la eventual alergenicidad que puedan provocar, aunque no se han hallado efectos alergénicos en relación con los alimentos que se encuentran actualmente en el mercado; la transferencia genética a células del organismo humano o a bacterias de la microbiota, en especial aquellos genes de resistencia a antibióticos; y por último el desplazamiento de genes o *outcrossing* de vegetales genéticamente modificados a cultivos convencionales, así como la combinación de cultivos provenientes de semillas convencionales con aquellos desarrollados a partir de semillas genéticamente modificadas.

PLANTAS PARA TODOS LOS REQUERIMIENTOS

Uno de los desafíos más grandes del mundo actual es alimentar a la población mundial, que crece en forma exponencial. Para ello, es necesario aumentar el rendimiento de los cultivos y mejorar la calidad nutritiva de los alimentos. Mediante el diseño de plantas transgénicas, la ingeniería genética ha conseguido el mejoramiento de determinadas especies y la resistencia de otras a plagas y herbicidas.

Por medio de la técnica del ADN recombinante es posible introducir genes específicos en células vegetales, empleando los vectores apropiados para cada caso. Se pueden generalizar los pasos de esta técnica de la siguiente manera:

ORGANISMOS TRANSGÉNICOS Y GENÉTICAMENTE EDITADOS

Si a un organismo se le inserta un gen, llamado transgén —de otra especie o de la misma—, se dice que ese organismo es transgénico. Si lo que se hace es modificar la secuencia genética de un gen propio de la especie, intercambiando una o más bases para inactivarlo o expresarlo, entonces se trata de un organismo genéticamente editado.

1. Identificar un carácter deseable en un organismo de una especie diferente de la del organismo receptor.
2. Encontrar el gen responsable del carácter deseado en ese organismo.
3. Combinar dicho gen con un vector adecuado para que este sea funcional en el organismo receptor.
4. Transferir el gen, previamente introducido en el vector, al organismo receptor.
5. Identificar las células transformadas del organismo receptor y regenerar, a partir de ellas, un organismo completo.

61

Maíz y arroz con precursores de la vitamina A, tomates con maduración retardada, maní y soja con alergenicidad reducida o ausente, papas con incremento en el contenido de almidón para disminuir la absorción de aceite al freírlas, trigo con mayor contenido de ácido fólico o de fibra, tubérculos que no se congelan durante las heladas son algunos de los vegetales transgénicos que se han obtenido mediante el empleo de técnicas de ingeniería genética.

Las plantas transgénicas Bt, como el tomate, el maíz, el algodón y el repollo, entre otras, son especies que recibieron un gen del *Bacillus thuringiensis*, el cual les confiere resistencia a los gusanos de la familia de los lepidópteros (mariposas). Estas plantas tienen la propiedad de sintetizar una proteína «insecticida» que mata a los insectos que intentan comerlas.

El diseño de plantas resistentes al efecto de los herbicidas, como la soja RR (*roundup ready*), permite fumigar y eliminar con facilidad las malezas que crecen en los campos de cultivo sin perjudicar a las especies cultivadas. También se han diseñado plantas transgénicas que expresan proteínas capaces de inhibir la replicación del

Arroz blanco y arroz dorado. Al dorado se le agregó un gen productor de betacaroteno, precursor de la vitamina A. Se estima que cada año alrededor de 500.000 niños pierden la vista por causa de esta deficiencia, que se manifiesta especialmente en el Sudeste asiático, donde el arroz es un alimento básico. Si bien todavía no está disponible comercialmente, varios países de Asia están realizando ensayos.

Un equipo de científicos españoles del Instituto de Agricultura Sostenible de Córdoba, dirigidos por el doctor Francisco Barro, trabaja desde hace unos años en la obtención de un trigo con bajo contenido de gliadinas (proteínas del gluten, en el trigo).

genoma viral y la síntesis de proteínas virales imprescindibles. Las enfermedades virales son causa de pérdidas masivas del cultivo cada año. Los grupos de virus que infectan las principales plantas son muy variados, y los más conocidos son los virus mosaico. Se han aislado genes de arqueas, primitivas bacterias que han desarrollado mayor tolerancia a condiciones ambientales extremas, como las sequías e inundaciones, las elevadas o bajas temperaturas, la elevada salinidad, acidez o alcalinidad, con el fin de diseñar plantas transgénicas que puedan crecer en ambientes poco o nada aptos para sus parientes que no han sufrido modificaciones.

PAN PARA TODOS, O CÓMO SILENCIAR GENES

La única solución para los pacientes celíacos, que tienen una intolerancia permanente al gluten presente en el trigo, la avena, la cebada y el centeno, es seguir dietas libres de estos cereales, a los que deben reemplazar por productos derivados del maíz o del arroz que, en general, son más costosos. Por ello, un equipo de científicos españoles del Instituto de Agricultura Sostenible de Córdoba, dirigidos por el doctor Francisco Barro, trabaja desde hace unos años en la obtención de un trigo con muy bajo contenido de gliadinas (proteínas del gluten, en el trigo). Para lograrlo, optó por realizar una modificación genética en el trigo con ARN de interferencia, que permite silenciar los genes que codifican la síntesis de las gliadinas sin importar su ubicación en el genoma, ya que en él existen muchísimas copias de genes que codifican la síntesis de gliadinas. De esta forma obtuvo una variedad de trigo transgénico en la que se evita que las gliadinas se sinteticen o que su síntesis sea muy baja. Tiempo después, el equipo del doctor

Barro obtuvo una variedad de trigo editado genéticamente con las herramientas CRISPR (este tema se tratará más adelante), con un contenido muy reducido de gluten.

En 2014 se confirmó que las líneas de trigo bajas en gluten genéticamente estabilizadas mostraban una calidad y propiedades organolépticas similares a las de la harina de trigo convencional. Para analizar el consumo y la seguridad de este trigo antes de introducirlo en el mercado, el grupo de investigación realizó pruebas de laboratorio exitosas con ratones, pero cuando quisieron pasar a la fase de ensayos clínicos con pacientes celíacos se toparon con la resistencia de los movimientos de activistas antitransgénicos españoles. Otro obstáculo que Barro y su equipo deberán sortear cuando quieran llevar este trigo sin gluten del laboratorio a la comercialización, será el restrictivo sistema de aprobación de transgénicos en Europa.

¡AL FIN SALMÓN EN EL MENÚ!

El 19 de noviembre de 2015, después de veinte años de espera, finalmente la FDA (Food and Drug Administration) de Estados Unidos aprobó la comercialización para consumo humano de salmón transgénico, producido por la empresa estadounidense AquaBounty Technologies. Tras numerosas pruebas e investigaciones que la empresa ha debido realizar en respuesta a los sucesivos requerimientos de la FDA, esta agencia ha concluido que no existen diferencias significativas entre el salmón transgénico y el salmón atlántico de piscifactoría. No se pudieron detectar diferencias significativas entre ambos salmones, ni de tamaño, ni organolépticas, ni nutricionales, más allá de la obvia diferencia genética de la presencia del transgén en el salmón. Tampoco se describen consecuencias significativas para el ambiente, ni se considera tóxico de ninguna manera el consumo para personas y animales. La historia se remonta a 1989, cuando los científicos de AquaBounty Technologies lograron alterar el genoma del salmón del Atlántico para que creciese más rápido. La característica diferencial de este salmón es que incorpora un transgén del salmón chinook del Pacífico, que codifica la síntesis de hormona de crecimiento, bajo el control del promotor y las zonas reguladoras del gen de la proteína anticongelante de un pez anguila que vive en el Atlántico Norte. Así, el transgén codifica la síntesis de la hormona de crecimiento en los meses fríos, de otoño e invierno, cuando se activa el gen de la proteína anticongelante de forma natural. Gracias a esta innovación, el salmón transgénico consigue mantener el crecimiento durante todo el año: en los meses de primavera y verano, debido a su hormona de crecimiento endógena o propia, y en los meses de otoño e invierno, debido a la hormona de crecimiento del transgén. El resultado de este proceso es que el salmón transgénico crece mucho más rápido que su pariente natural y por eso llega al mismo tamaño comercial en la mitad del tiempo: 18 meses en vez de 36.

MODELOS PARA LA INVESTIGACIÓN CIENTÍFICA

El ratón representa un excelente modelo para la enfermedad humana porque la organización de su ADN y la forma en que se expresan sus genes son muy similares a las de los seres humanos. Sus sistemas reproductores y nerviosos son parecidos, y son animales que padecen muchas de nuestras enfermedades, como el cáncer, la diabetes e incluso la ansiedad. Como la manipulación de sus genes puede llevarlos a desarrollar otras enfermedades que naturalmente no los afectan, la investigación con ratones ha ayudado a comprender tanto la fisiología humana como las causas de la enfermedad. Los ratones transgénicos y *knock-out* son valiosas herramientas en la mayoría de los campos de la investigación médica. Se pueden crear animales transgénicos en los que se inhiba la expresión de un gen determinado, o bien el efecto contrario, es decir, en los que se sobreexprese ese gen. Viendo los efectos que causan tanto la inhibición como la sobreexpresión, es posible averiguar qué función o funciones lleva a cabo dicho gen. Este tipo de investigación se realiza sobre todo en ratones, ya que su genoma se conoce casi por completo y es muy fácil crear individuos transgénicos.

Un ratón transgénico es aquel cuyo genoma ha sido alterado, de forma que sus genes contienen ADN extraño. Este ADN puede ser humano, de otro animal o de otro ratón. La inserción de un gen en el genoma del ratón hace que las células adquieran una nueva función, como la síntesis de una proteína que antes no era producida. Por ejemplo, algunos ratones transgénicos producen proteínas reconocidas por las células inmunológicas humanas y se pueden utilizar para modelizar determinados aspectos de una enfermedad. En otras ocasiones, el ADN extraño puede significar una pérdida de una función, dado que el nuevo ADN podría interferir en una vía metabólica o impedir la producción de una proteína. Los ratones transgénicos son modelos útiles para entender cómo los genes regulan los procesos en el organismo, porque el efecto que produce un gen determinado se puede ver en todo el organismo.

Algunos ejemplos de ratones transgénicos son los ratones grandes que poseen el gen de la hormona de crecimiento de rata, que los hace crecer más de lo habitual y se utilizan para estudiar el crecimiento y el desarrollo, y los oncorratones, que tienen un oncogén inactivado con predisposición a desarrollar un cáncer, y sirven para estudiar muchos cánceres y desarrollar posibles tratamientos.

Obtención de ratones transgénicos:
A) por inyección pronuclear, y
B) a partir de células madre embrionarias.

¿CÓMO SE OBTIENE UN RATÓN TRANSGÉNICO?

Las dos técnicas principales para insertar ADN extraño en un ratón y obtener animales transgénicos son (A) la inyección pronuclear y (B) el uso de células madre embrionarias. En la inyección pronuclear, el ADN extraño es inyectado en el pronúcleo de un ovocito de ratón, inmediatamente después de haber sido fertilizado. El ADN se integra en el genoma en una posición aleatoria. Esto significa que el ratón no portará ADN transgénico en todas sus células y, por lo tanto, será solo parcialmente transgénico. El esperma o los ovocitos transgénicos de estos ratones luego son utilizados para crear la siguiente generación de ratones completamente transgénicos.

Cuando se introduce el ADN en las células madre embrionarias, normalmente se integra de manera aleatoria en el genoma, pero si tiene una estructura similar a una parte existente del genoma puede producirse una recombinación (se intercambia por el gen homólogo) y se integra una única copia en el genoma, en una ubicación específica. A continuación, estas células se inyectan en un embrión hospedador, y se convierte en parte del ratón que crece a partir de ese embrión. El ratón crecido del embrión hospedador es conocido como quimera y se forma a partir de las células embrionarias de dos ratones diferentes. Parte del esperma producido por la quimera será transgénico, y cuando ese esperma fertilice un ovocito normal, el ratón que crecerá será completamente transgénico, con ADN extraño en todas las células.

A

1. Inserción de genes en el pronúcleo del óvulo fecundado

Óvulo sujeto mediante succión

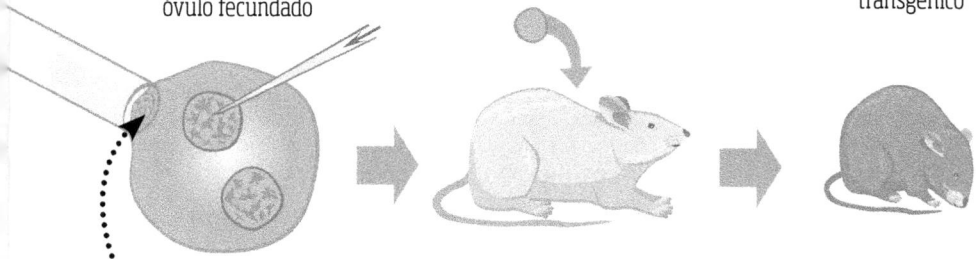

2. Implantación del cigoto en el receptor

3. Nacimiento de individuo parcialmente transgénico

B

1. Obtención de células madre embrionarias (CME)

2. Inserción de genes en CME

3. Inyección de CME en el blastocisto

4. Reimplantación del blastocisto en el receptor

5. Nacimiento de un ratón quimera

6. Cruzamiento con un ratón normal

7. Si la descendencia tiene alteraciones genéticas, los cambios se han incorporado en la línea germinal

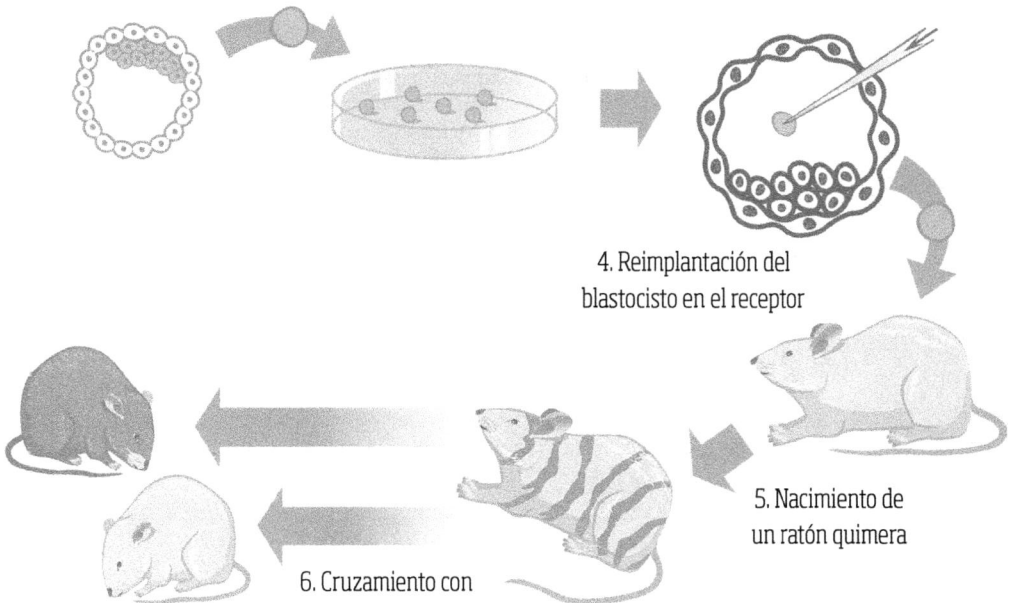

BEBÉ CON ADN DE TRES PADRES

Abrahim Hassan nació fruto de un controvertido método que se sirve del ADN del padre, de la madre y de una donante o «segunda madre». Esta técnica, que permite a progenitores con mutaciones genéticas raras concebir hijos sanos, fue aprobada en el Reino Unido en 2015.

Los expertos en embriología explican que el nacimiento de Abrahim Hassan, cuyos padres jordanos fueron tratados en México por un equipo médico de Estados Unidos, debería impulsar el progreso de estas técnicas por todo el mundo. En este caso, la madre del bebé, Ibtisam Shaban, portaba genes del llamado síndrome de Leigh, un desorden mortal que afecta al sistema nervioso en desarrollo.

Los genes de esa enfermedad se encuentran en el ADN de la mitocondria, orgánulo citoplasmático que proporciona la energía a las células y transporta 37 genes que se transmiten de madres a hijos. Alrededor de un cuarto del ADN mitocondrial que tenía Shaban portaba la mutación que ocasiona la citada enfermedad.

Aunque la madre de Abrahim es una persona sana, el síndrome ocasionó la muerte de sus dos primeros bebés, por lo que junto con su esposo, Mahmoud Hassan, solicitó la ayuda del especialista en fertilidad John Zhang y su equipo en el Centro de Fertilización New Hope en Nueva York.

En teoría existen varias maneras de llevar a cabo esa técnica que combina ADN de tres padres, pero el método aprobado en el Reino Unido, denominado transferencia pronuclear, implica la fertilización de dos óvulos, uno de la madre y otro de la donante, con espermatozoides del padre. Se retira el núcleo de los dos embriones resultantes, y solo se conserva el creado por los padres. Ese núcleo se introduce en el embrión de la donante, sustituyendo al núcleo que se ha desechado. El embrión resultante se implanta en el útero de la madre.

No obstante, esa técnica no resultó apropiada en el caso de Shaban y Hassan, ambos musulmanes, por motivos religiosos, pues se oponían a la destrucción de embriones. Por ello, Zhang adoptó un enfoque diferente en su tratamiento: retiró el núcleo de uno de los óvulos de Shaban y lo insertó en el óvulo de la donante, del cual había ya sido retirado su propio núcleo. El óvulo resultante con ADN nuclear de Shaban y el ADN mitocondrial de la donante se fertilizó entonces con el esperma del padre. De esa manera se crearon cinco embriones, de los cuales tan solo uno se desarrolló normalmente (los otros no resultaron viables) y de él nació el bebé Ibrahim.

RATONES *KNOCK-OUT*

Si se inactiva un gen en un estadio muy temprano del desarrollo de un animal, en este caso un ratón, de manera que la alteración se propague a todas las células, se obtendrá el llamado ratón *knock-out*. ¿Cómo se logra esto? Se prepara un plásmido que contenga el gen en estudio y se inactiva. Luego el plásmido se transfiere a una célula aislada de blastocisto de ratón. Dentro de la célula, el plásmido se aparea con la región homóloga en el cromosoma del ratón que contiene el gen en estudio y se produce la recombinación (se intercambia uno por otro). Como resultado, se obtendrá un ratón con uno de los alelos del gen en estudio inactivo y se podrán estudiar los efectos de la falta de ese gen. En otros casos un gen se puede reemplazar por otro. También es posible silenciar un gen bloqueando su traducción a proteína mediante el uso de ARN complementario al ARN mensajero normal.

Hay muchos ejemplos de ratones *knock-out*, dado que esta técnica se ha utilizado para estudiar todos los aspectos de la fisiología y para crear modelos para muchas enfermedades humanas: los ratones que son propensos a la obesidad debido a una deficiencia de la enzima carboxipeptidasa E, los ratones fuertes, con un gen de miostatina inactivado, o los ratones tolerantes al frío, que carecen de un canal de sodio que causa dolor cuando son expuestos al frío.

ELABORACIÓN DE PROTEÍNAS Y VACUNAS

Gracias a la tecnología del ADN recombinante, se pueden introducir genes que codifican la síntesis de ciertas proteínas humanas, como la insulina, la hormona del crecimiento, la eritropoyetina, la antitrombina o factores de coagulación, en microorganismos adecuados para su producción a gran escala.

La somatostatina es una hormona proteica secretada por el páncreas, y formada por solo 14 aminoácidos, que interviene indirectamente en la regulación de la glucemia. Su versión recombinante fue el primer éxito de síntesis por ingeniería genética. En 1977, se obtuvo a partir de un gen sintético insertado en la

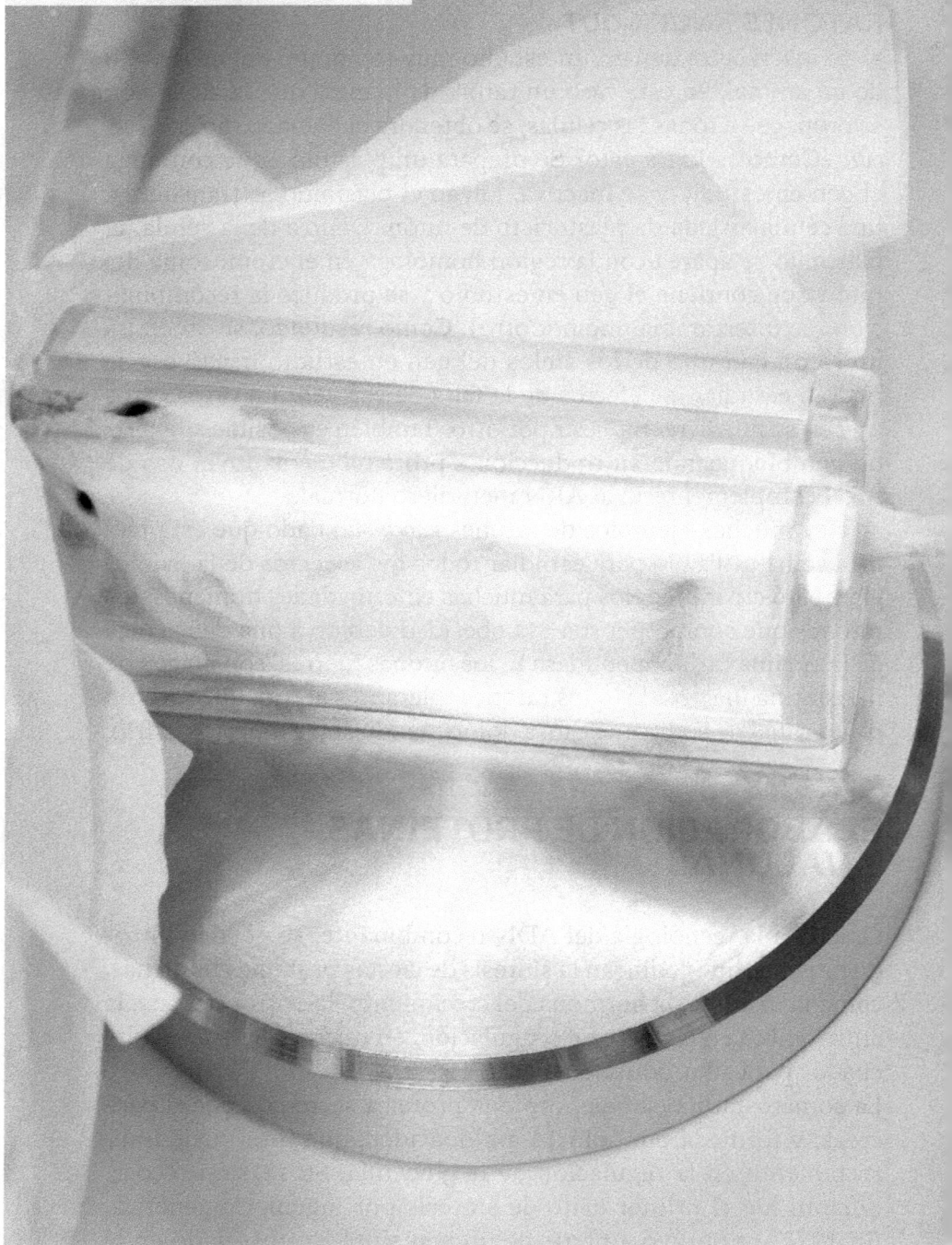

Trabajo con ratones transgénicos en el laboratorio.

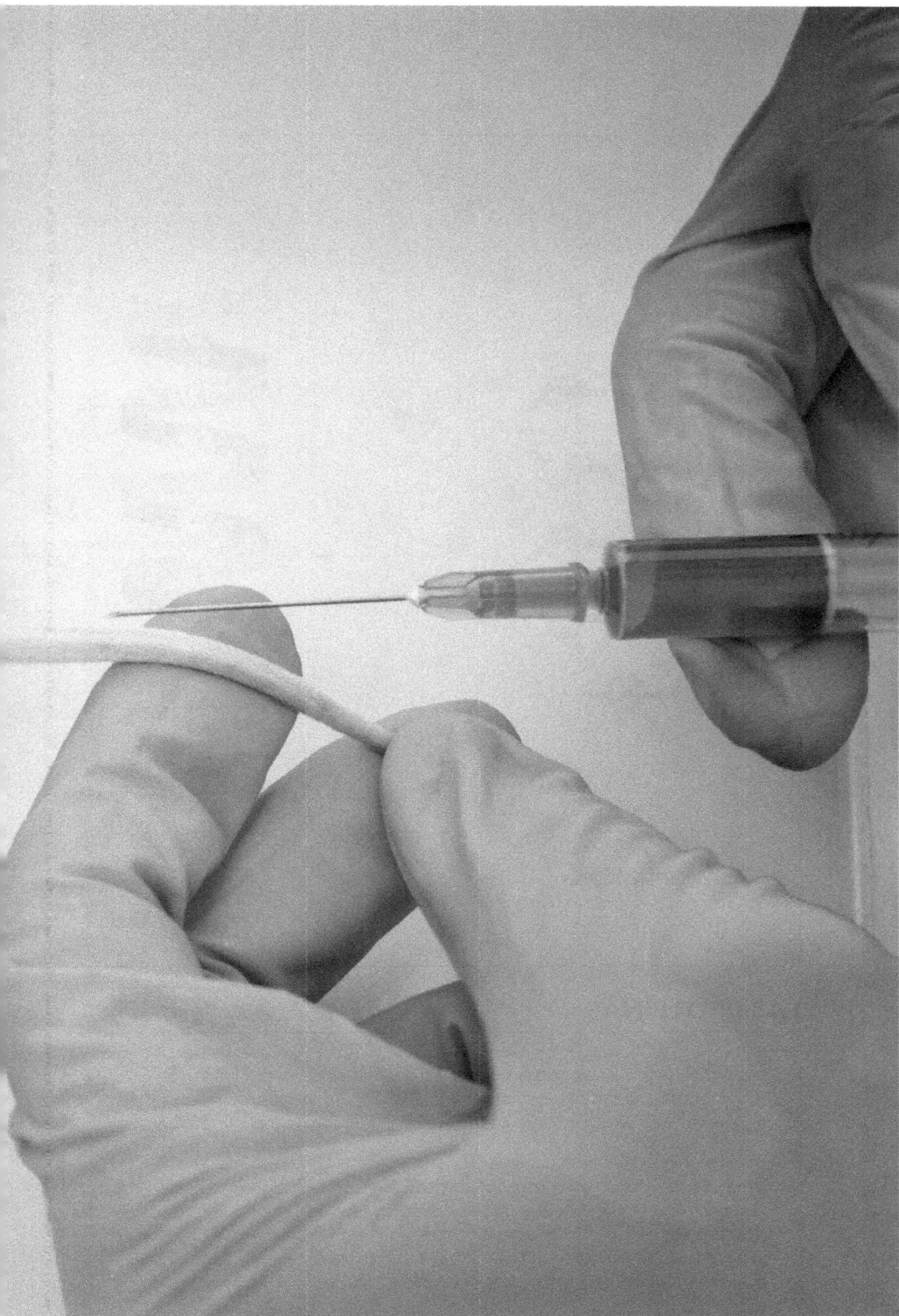

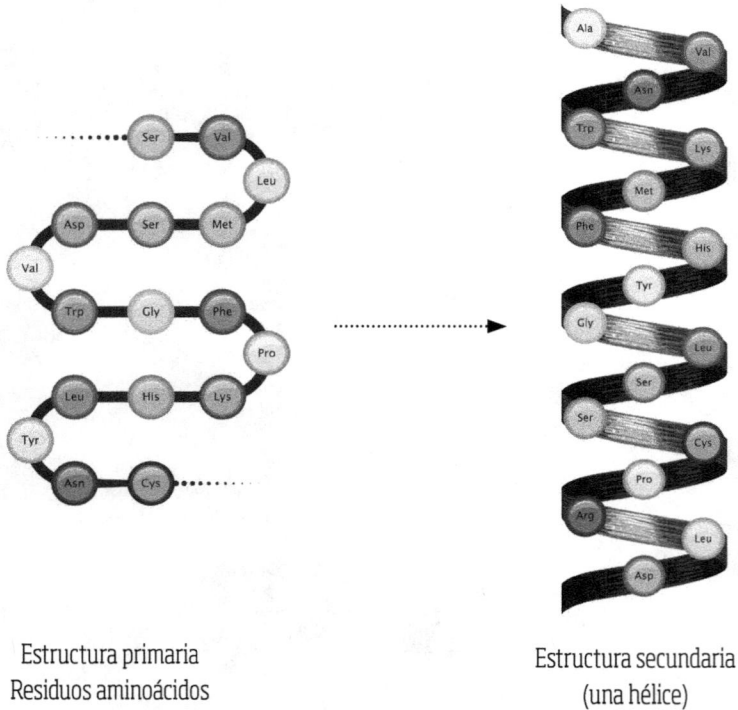

Estructura primaria
Residuos aminoácidos

Estructura secundaria
(una hélice)

LAS PROTEÍNAS

Las proteínas son las principales biomoléculas efectoras. Poseen funciones estructurales, enzimáticas, metabólicas, reguladoras, de defensa, de reserva y de transporte, que se organizan en enormes redes funcionales de interacciones.

Las proteínas están constituidas por cadenas polipeptídicas, cada una de ellas integrada por monómeros llamados aminoácidos. Con tan solo veinte aminoácidos, el ser humano puede sintetizar un sinfín de secuencias diferentes que darán origen a cientos de miles de proteínas que conforman nuestro organismo. A partir de su síntesis, la cadena polipeptídica sufre varias modificaciones hasta adoptar una conformación biológica funcional y un destino específico.

Esquema de la formación de una proteína globular típica. La cadena de aminoácidos o cadena polipeptídica (estructura primaria) forma una estructura helicoidal (estructura secundaria) que se pliega sobre sí misma (estructura terciaria). La estructura cuaternaria se origina por ensamble de varias subunidades de polipéptidos.

Estructura terciaria
(cadena polipéptida)

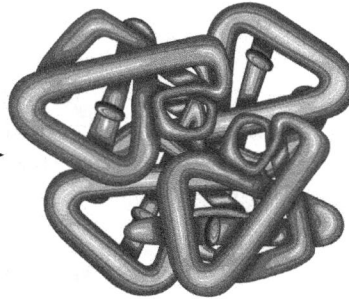

Estructura cuaternaria
Subunidades ensambladas

75

bacteria *Escherichia coli* y clonado para producir células genéticamente homogéneas que sintetizaron grandes cantidades de somatostatina recombinante.

En 1982, la insulina recombinante fue aprobada como medicamento para el tratamiento de pacientes diabéticos. Hasta entonces, los pacientes debían inyectarse insulina extraída del páncreas de vacas o cerdos. En la actualidad, varios laboratorios producen insulina humana, tanto a partir de bacterias como de levaduras, de una manera simple y sin ningún riesgo para la salud.

EL PROYECTO TAMBO FARMACÉUTICO

Patentado por la empresa farmacéutica argentina Biosidus, el Tambo Farmacéutico contempla la utilización de vacas transgénicas de raza Jersey capaces de expresar en su leche proteínas de interés terapéutico. Hasta el momento, son dos las dinastías de vacas que se han desarrollado: la Pampa, destinada a la obtención de hormona de crecimiento recombinante humana, y la Patagonia, vinculada con la obtención de insulina recombinante humana. En 2002, científicos de la empresa consiguieron clonar vacas y transferirles el gen humano que codifica la síntesis de la hormona del crecimiento en la leche. Pampa Mansa, la primera vaca de la dinastía, comenzó a producir leche que contenía una muy buena cantidad de hormona, que se sintetizaba en las células de la glándula mamaria bovina de la misma forma que la natural. Con posterioridad se realizaron diversos estudios sobre la proteína aislada y purificada, y se comprobó que la hormona no solo era químicamente idéntica a la secretada por la hipófisis humana sino que también era biológicamente activa, capaz de promover el crecimiento de varios animales de laboratorio. A partir de esta leche, la hormona de crecimiento debe ser aislada y purificada a escala industrial para luego presentarla en su forma farmacéutica, lista para ser utilizada por pacientes con deficiencia de crecimiento.

En 2007, se amplió el tambo farmacéutico con vacas clonadas y transgénicas capaces de producir proinsulina humana en su leche. Estas poseen en su material genético el gen que codifica para la proinsulina. Como la producción de la nueva molécula no debe interferir con el crecimiento y el metabolismo del animal, se introduce el gen de interés junto con un elemento promotor que permite su expresión únicamente en la glándula mamaria.

VACUNAS A LA CARTA

La tecnología del ADN recombinante también ha permitido el diseño de nuevas vacunas más seguras y con una respuesta inmune eficaz y duradera, aislando determinados genes que codifican la información para la síntesis de las proteínas (antígenos) que se encuentran en la superficie del patógeno con el que se quiere obtener una vacuna.

76

El gen en cuestión se introduce en bacterias, levaduras o plantas, donde se producen grandes cantidades de la proteína antigénica. A continuación, esta proteína es purificada y utilizada como vacuna. Las vacunas recombinantes que se están desarrollando en la actualidad emplean bacterias y plantas transgénicas como sistemas biológicos de producción. En las bacterias, el material genético que contiene información acerca del antígeno se introduce mediante plásmidos. Estos permanecen en el interior de la bacteria y posteriormente expresan el antígeno. La vacuna recombinante contra la hepatitis B es una de las primeras desarrolladas mediante esta técnica. La tos ferina y el cólera son otras enfermedades que poseen vacunas de proteínas recombinantes.

La producción de proteínas recombinantes en plantas ofrece mayores ventajas que la producción en bacterias, ya que es mucho más fácil cultivar las plantas que emplear biorreactores. Existen tres vacunas que se encuentran en fases tempranas de ensayos clínicos: la vacuna contra la enteritis provocada por *Escherichia coli*, la vacuna contra el virus Norwalk, ambas expresadas en la planta de papa, y la vacuna contra el virus de la hepatitis B, expresada en la planta de tabaco.

En las vacunas atenuadas por modificación genética se diseña un patógeno en el que se eliminan o modifican los genes de virulencia. Este organismo modificado genéticamente puede usarse como una vacuna «viva», sin que exista riesgo de que revierta al tipo virulento. En la actualidad, por ejemplo, se está ensayando una vacuna de cepas estables del *Vibrio cholerae* que se encuentra desprovisto del gen que codifica para su enterotoxina, la cual provoca la enfermedad.

¿VACUNAS GÉNICAS Y VACUNAS COMESTIBLES?

La principal característica de las vacunas génicas es que se administra al paciente el gen que codifica al antígeno del patógeno, el cual dirige la síntesis de este antígeno por parte de las células del huésped. El antígeno sintetizado desencadena, a su vez, la correspondiente respuesta inmune. Este gen puede introducirse a través de un virus, un plásmido o inyectando ADN directamente. Una de las ventajas de las vacunas génicas es la

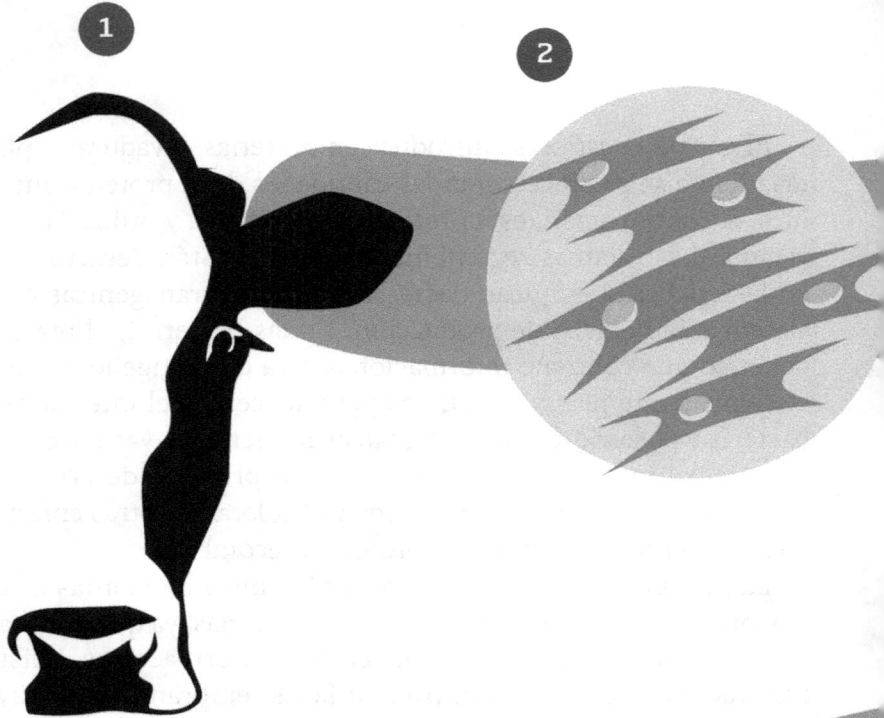

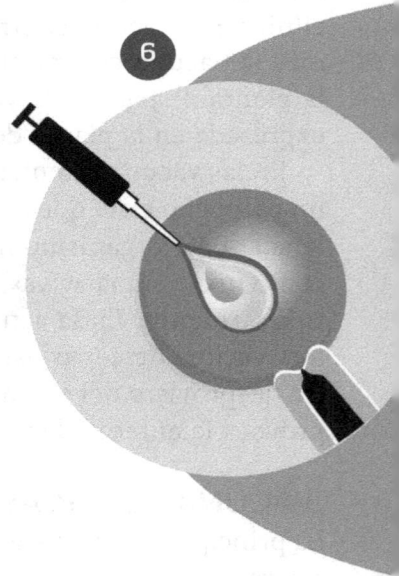

El procedimiento de clonación y transgénesis comenzó con el cultivo en el laboratorio de células de la oreja (2) de una vaca de raza Jersey (1). Luego se preparó un vector con el gen que codifica para la síntesis de proinsulina (3) y se lo insertó en el cultivo de células, incorporándolo al núcleo (4). Por otra parte, se tomaron ovocitos de vaca madurados *in vitro* (5) y se les extrajo el núcleo (6). Con un pulso eléctrico, se fusionaron las células transgénicas con los ovocitos. Así, con un juego completo de cromosomas, el ovocito comenzó a generar un embrión (7). Después de una semana, el embrión se transfirió a una madre sustituta que lo gestó hasta el nacimiento del ternero (8).

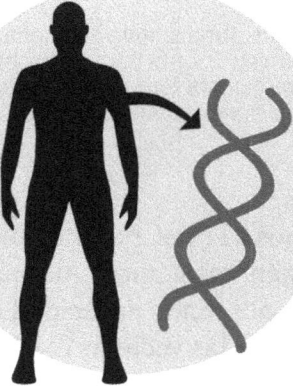

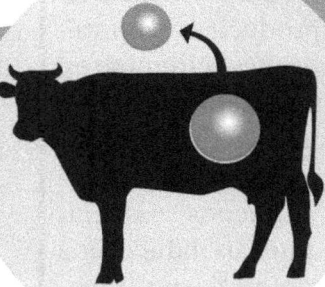

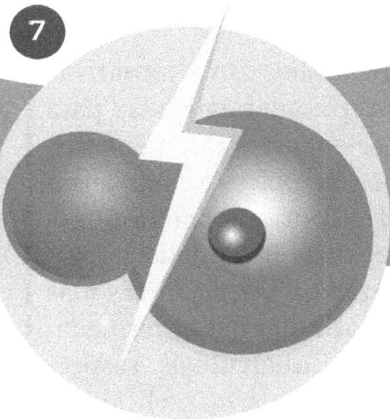

En un futuro no muy lejano, ingerir una simple ensalada de lechuga y tomate frescos será suficiente para incorporar antígenos que desencadenen una respuesta inmune en nuestro organismo, que nos proteja de ciertos agentes patógenos.

posibilidad de administrar varios antígenos a la vez, por medio de secuencias que determinan más de un gen antigénico. Aunque, por el momento, las vacunas génicas no poseen la capacidad de generar respuestas tan intensas como las de las vacunas clásicas inactivadas y las obtenidas por recombinación genética.

En un futuro no muy lejano, algunas vacunas inyectables serán reemplazadas por las que se comen. Se trata de vacunas contenidas en frutas u hortalizas que, al ingerirlas, brindan protección contra determinadas enfermedades. Las vacunas comestibles consisten en plantas a las cuales se les ha introducido un gen que lleva la información necesaria para producir en su interior una proteína antigénica que inducirá la respuesta inmune en el organismo que la consume. Estas plantas transgénicas se pueden cultivar de manera natural y utilizarse como vacunas comestibles en seres humanos o animales.

El problema de estas vacunas es que los antígenos se degradan en el estómago e intestino antes de que puedan inducir una respuesta inmune, por lo cual solo podrían emplearse en alimentos que se consuman frescos, como tomate o lechuga. Además, estos alimentos deben contener gran cantidad de antígenos en su forma soluble para que la vacunación sea efectiva.

Aunque las vacunas génicas y las comestibles son alternativas prometedoras, todavía están lejos de ser comercializadas para su uso en seres humanos, ya que aún se encuentran en ensayos clínicos tempranos. En la actualidad, por ejemplo, se están ensayando en humanos vacunas comestibles contra el cólera (en la papa), la rabia (en la espinaca) y la hepatitis B (en la lechuga), entre otras. Las génicas que se encuentran en fases clínicas más avanzadas son aquellas dirigidas a combatir algunas enfermedades virales y bacterianas como el VIH y la tuberculosis, respectivamente, infecciones parasitarias como la malaria, o el cáncer.

¿QUÉ ES UNA VACUNA?

Una vacuna es una sustancia formada por un microorganismo completo atenuado o muerto, o fracciones de él, que contiene uno o más antígenos (generalmente, proteínas) capaces de inducir al organismo receptor a defenderse contra ellos mediante un mecanismo que se conoce como respuesta inmune, en este caso la producción de anticuerpos.

INGENIERÍA GENÉTICA PARA EL MEDIO AMBIENTE: LA FITORREMEDIACIÓN

Las plantas son organismos autótrofos que sintetizan compuestos orgánicos a partir del dióxido de carbono del aire, de los minerales y nutrientes del medio que absorben a través de las raíces, junto con el agua. Debido a la contaminación del medio ambiente, las plantas absorben también compuestos tóxicos, por lo que han ido generando mecanismos de detoxificación que les permiten sobrevivir en ambientes adversos. El uso de plantas para eliminar o minimizar la contaminación de suelos y aguas

superficiales se conoce como fitorremediación. Esta técnica permite decontaminar de manera eficiente compuestos tóxicos orgánicos e inorgánicos. Los contaminantes orgánicos son producidos mayoritariamente por el ser humano como consecuencia de derrames de combustibles, actividades industriales (desechos químicos y petroquímicos) o actividades militares y agrícolas. Algunos ejemplos de compuestos orgánicos que han sido degradados de manera eficiente son herbicidas o hidrocarburos derivados del petróleo, entre muchos otros. Los compuestos inorgánicos no pueden ser degradados por las plantas pero pueden acumularse en las partes cosechables de ellas.

Una planta adecuada para fitorremediación debe tener gran biomasa, una alta tolerancia al contaminante, la habilidad de degradarlo o acumularlo en su biomasa, la capacidad de absorber grandes cantidades de agua del suelo y crecimiento rápido.

La mayoría de las especies que pueden acumular alguna sustancia contaminante son muy conocidas, tales como el girasol (para el uranio y arsénico), el álamo (para el níquel, cadmio y zinc), la mostaza (para el plomo), entre otras, como la alfalfa, el tabaco, el tomate, el zapallo, el sauce, etc. Sin embargo, en general las especies que pueden tolerar y crecer en sitios contaminados crecen lentamente, tienen poca biomasa o están adaptadas a condiciones ambientales muy específicas. En el caso de los árboles, que tienen grandes sistemas de raíces, mucha biomasa y bajos requisitos de insumos agrícolas, toleran muy mal los contaminantes y no los acumulan.

Los científicos que trabajan en este tema descubrieron que la capacidad remediadora de las plantas convencionales puede mejorarse de modo significativo mediante técnicas de ingeniería genética. La introducción de nuevos rasgos para la captación y acumulación de contaminantes es una estrategia exitosa para el desarrollo de mejores fitorremediadores. Para conseguir estas mejoras se insertan genes que provienen de microorganismos remediadores o se transfieren genes de una especie de planta a otra, mejor adaptada a las condiciones ambientales del sitio contaminado.

Algunos ejemplos de contaminantes que han sido remediados exitosamente en ensayos experimentales con plantas transgénicas son:

- Los metales tóxicos afectan los rendimientos de los cultivos, la biomasa del suelo, la fertilidad y se acumulan en la cadena alimentaria. Debido a esto se han obtenido plantas transgénicas como el tabaco y árboles como el álamo logrando niveles altos de acumulación de zinc, plomo, cadmio, níquel y boro, y además con mucha biomasa. También se han modificado *Arabidopsis thaliana*, mostaza y tabaco para mejorar la tolerancia a metales a través de la sobreexpresión de enzimas que inducen la formación de fitoquelatinas (agentes que detoxifican metales pesados).

- La eliminación de compuestos organomercuriales, que presentan un grave problema ambiental y sanitario, se ha logrado con plantas transgénicas mediante la transformación de *Arabidopsis thaliana*, tabaco, álamo y mostaza con dos genes bacterianos: merA y merB. Las acciones combinadas de ambos genes transforman el metilmercurio a su forma volátil, que es cien veces menos tóxica, y la planta lo libera a la atmósfera en concentraciones no tóxicas a través de la transpiración.
- Para retirar el arsénico del ambiente se han modificado plantas de *Arabidopsis thaliana* mediante la introducción de dos genes bacterianos: ArsC y ɣ-EC. Las plantas con ambos genes no solo son altamente tolerantes al arsénico, sino también tienen seis veces más biomasa que la planta convencional.
- Se han modificado plantas de tabaco con un gen bacteriano que expresa una enzima nitrorreductasa que les permite tolerar y degradar altos niveles de explosivos TNT (trinitrotolueno).

85

Estos beneficios para el medio ambiente se podrán incrementar si se desarrollan plantas transgénicas con un potencial de fitorremediación más eficiente aun, ya que serían una herramienta prometedora para limpiar ecosistemas que lamentablemente han sufrido fuerte contaminación por la industrialización, los desechos, las guerras o las catástrofes naturales.

El mosquito *Aedes aegypti* es el principal vector de los virus del dengue, la fiebre amarilla, el zika y la chikungunya.

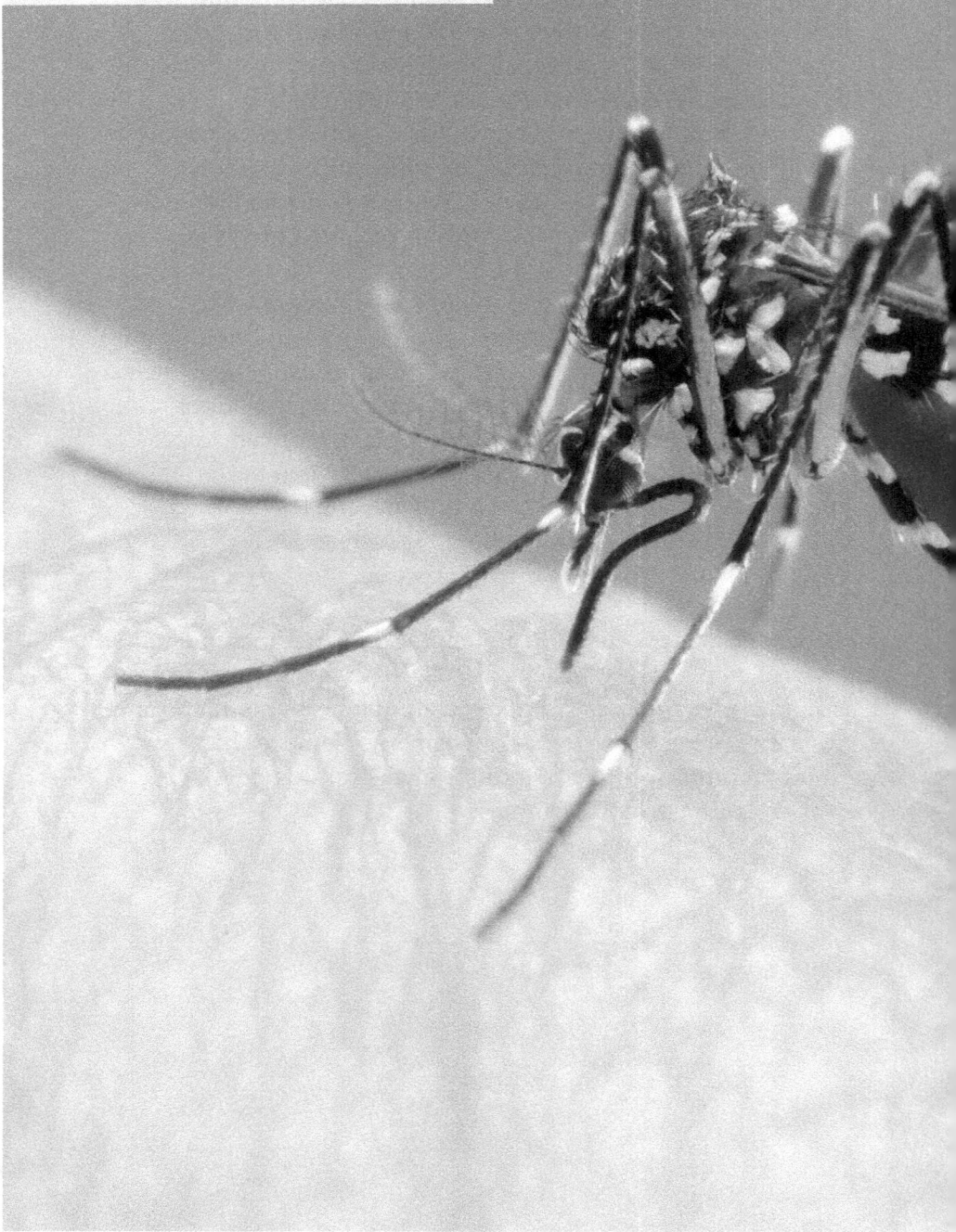

OTRAS APLICACIONES
DE LA INGENIERÍA GENÉTICA

MOSQUITOS «VACUNADOS» CONTRA EL DENGUE

El dengue es una de las enfermedades endémicas que se están propagando con más velocidad: afecta a más de 100 países y causa 400 millones de infecciones cada año. Una primera infección en humanos generalmente implica fiebre, erupciones cutáneas y algún que otro dolor. Pero el cuadro empeora cuando hay una segunda infección con un serotipo distinto del virus, que contiene otros antígenos, y puede provocar síntomas más graves o incluso mortales. En 2013, no obstante, investigadores descubrieron en Estados Unidos que una persona infectada varias veces fue capaz de desarrollar un anticuerpo que consigue unirse a los cuatro serotipos del virus que se conocen y de ese modo evita que se infecten nuevas células. Debido a que los mosquitos no producen anticuerpos, lo que hay que hacer es otorgarles esa capacidad. Para ello, el equipo del biólogo molecular Omar Akbari, de la Universidad de California, rediseñó el gen que codifica para el anticuerpo antidengue humano para simplificar su estructura e insertarlo en el genoma de embriones del mosquito *Aedes aegypti*, el vector que transmite esta enfermedad. Esperaron que nacieran los mosquitos y se reprodujeran para alimentarlos con sangre infectada con los cuatro serotipos de dengue. Al beberla y entrar el virus en el intestino del insecto, el anticuerpo se activa. Los científicos comprobaron que ninguno de los mosquitos tenía niveles detectables del virus en su saliva, que es, precisamente, el medio a través del cual lo transmiten a la sangre humana tras una picadura. Los resultados de laboratorio son prometedores: han logrado aparear a los mosquitos y que estos generen descendencia también inmune al virus.

En el futuro, el equipo de Akbari planea analizar las condiciones para poder liberar mosquitos modificados genéticamente en el ambiente y así estudiar la capacidad de diseminación del gen del anticuerpo antidengue en las poblaciones nativas y en su descendencia. Pero antes hay que hacer más pruebas para asegurarse de que el anticuerpo es estable en el mosquito y, sobre todo, que el virus no muta rápidamente para combatir ese anticuerpo.

ENZIMAS QUITAMANCHAS

Más del 90% de las enzimas que forman parte de muchos productos industriales es producido por bacterias y hongos genéticamente modificados para optimizar su proceso de fabricación. Estas proteínas hacen posibles los procesos de degradación y de transformación de sustancias. Así, el jabón en polvo tiene enzimas que remueven selectivamente las manchas de la ropa. Entre ellas se encuentran las lipasas, que degradan las grasas y son útiles para disolver manchas de aceite, manteca o lápiz labial; las proteasas, que remueven las manchas proteicas, como las de sangre y huevo; y las amilasas, que degradan las manchas que contienen almidón. Estas enzimas se utilizan en la fabricación de jabón en polvo desde hace más de cuarenta años, con el objetivo de reemplazar a los compuestos químicos, minimizar el uso de agua y el consumo de energía, ya que antes las manchas solo podían ser removidas con blanqueadores y altas temperaturas.

89

LA EDICIÓN GENÉTICA

Así como la década de 1970 marcó el inicio de la ingeniería genética con la producción y utilización de organismos transgénicos en el estudio de enfermedades humanas o en la obtención de moléculas de interés terapéutico, en los años posteriores se hizo foco en la edición genética con el objetivo de superar las limitaciones de las técnicas usadas hasta el momento y desarrollar un método capaz de generar cambios en el genoma de manera coordinada y precisa. Los resultados logrados en los laboratorios durante la primera década del siglo XXI para manipular, de forma específica y directa, secuencias del genoma de organismos vivos fueron dispares. Entre las herramientas utilizadas se destacan las enzimas de restricción artificiales denominadas nucleasas de dedos de zinc (*zinc finger nucleases*, ZFN) y las nucleasas tipo activadores de

Vacas lecheras de raza Holstein.

transcripción (*transcription activator-like effector nuclease*, TALEN). Ambas están basadas en proteínas constituidas por una región de corte del ADN y una región guía de reconocimiento del gen que se quiere manipular. Las TALEN son más fáciles de diseñar que las ZFN. No obstante, ambas resultan difíciles de administrar en las células debido a su tamaño, lo que complica la capacidad de generar múltiples cambios genéticos simultáneos.

EL CASO DE LAS VACAS GENÉTICAMENTE EDITADAS QUE TERMINARON SIENDO TRANSGÉNICAS

90

Los cuernos de las vacas lecheras son un elemento delicado y un dolor de cabeza para muchos ganaderos. Se trata de un riesgo, ya que los animales pueden usarlos y herir a otros animales o a sus cuidadores, y por ello muchos optan por cauterizárselos cuando empiezan a crecer o aserrárselos cuando aún son jóvenes, algo que resulta agresivo, doloroso y traumático para las vacas. La idea era, entonces, crear una vaca exactamente igual pero sin cuernos, para favorecer la seguridad de ganaderos y animales sin alterar la producción lechera.

En 2015, la empresa estadounidense Recombinetics encontró una solución a este problema mediante las herramientas TALEN de edición genética. Los científicos decidieron incorporar en el genoma de las vacas lecheras de raza Holstein, con cuernos, una variante genética del genoma de las vacas de la raza Angus, portadoras de la mutación dominante POLLED, que no induce el desarrollo de cuernos. La mutación POLLED sustituye a 10 nucleótidos originales en el locus HORNED. Es decir, la secuencia de ADN original de HORNED se convierte en POLLED. Este experimento fue realizado en células obtenidas de toros de raza Holstein. Los núcleos de células editadas genéticamente fueron utilizados para reconstruir, mediante clonación, embriones de toro que luego originaron dos terneritas, Buri y Spotigy, que no desarrollaron cuernos.

Hasta ahí todo había transcurrido tal como había sido planificado, pero hubo algo que Recombinetics no tuvo en cuenta. Los investigadores usaron ARN para introducir la región codificante para las herramientas TALEN y un plásmido para proporcionar el ADN molde que contenía la duplicación que planeaban introducir en el locus HORNED para convertirlo en la variante mutante POLLED. Se esperaba que la molécula de ARN de TALEN se tradujera de ARN a proteína y que el plásmido con el ADN molde fuera usado solo para aportar la secuencia a emplearse en la corrección. Pero no fue así: los plásmidos portadores del ADN molde se insertaron en el genoma de las células editadas y se obtuvieron vacas transgénicas. Finalmente, en 2019, Recombinetics emitió un comunicado en el que reconoce que debió haber investigado y revisado la presencia del plásmido en las células editadas, que posteriormente usó para obtener los animales editados POLLED, e informó que los próximos desarrollos estarán libres de plásmidos, serán portadores de la mutación conocida en bovinos y estarán certificados por veterinarios para garantizar su salud y la característica falta de cuernos.

EL SISTEMA CRISPR: UN REGALO DE LAS BACTERIAS

Cuando en la década de 1990 el microbiólogo español Francisco Martínez Mojica (1963), mientras secuenciaba el genoma de unas arqueas (bacterias primitivas), se percató de la relevancia que tenían las repeticiones palindrómicas cortas agrupadas y regularmente interespaciadas (*clustered regularly interspaced short palindromic repeats*, CRISPR), que había encontrado en estos organismos, nunca imaginó la revolución que se avecinaba en el mundo de la genética molecular.

El sistema CRISPR es un mecanismo de defensa empleado por algunas bacterias para eliminar virus o plásmidos invasivos. A diferencia del sistema inmune humano, las bacterias son capaces de transmitir su inmunidad a su descendencia, frente a determinados patógenos, porque tiene una base genética. Cuando un virus ataca a una bacteria, inyecta su ADN. La bacteria, entonces, incorpora en su genoma pequeños fragmentos de ese ADN –llamado espaciador– en un sitio donde se intercalan con secuencias cortas de ADN repetidas. Con frecuencia, los ADN espaciadores se hallan asociados con los genes Cas, que codifican para enzimas nucleasas relacionadas con los CRISPR. Una vez que estos trozos de ADN se han insertado, la célula hace una copia en ARN. Este mecanismo permite a las bacterias «grabar», con el tiempo, los virus a los que han estado expuestas. Esos pedacitos de ADN se transmiten a la progenie de la célula para protegerla a lo largo de muchas generaciones. Cuando la bacteria queda expuesta al mismo virus nuevamente, el ARN copiado o ARN guía se une a una enzima Cas especializada y la orienta para que corte la secuencia del ADN viral y, eventualmente, lo degrade.

CRISPR-CAS9: UNA PODEROSA HERRAMIENTA DE EDICIÓN GENÉTICA

En 2012 la bioquímica francesa Emmanuelle Charpentier (1968) y la estadounidense Jennifer Doudna (1964) descifraron los mecanismos moleculares del sistema CRISPR-Cas9 y su aplicación como herramienta de edición genética para insertar, suprimir o modificar ADN genómico, y para la regulación génica en varias especies. En la actualidad, investigadores de todo el mundo utilizan este método para manipular de forma eficaz ADN de plantas, animales y líneas celulares de laboratorio. La edición genética con CRISPR-Cas9 incluye dos pasos:

* El ARN guía, complementario a la región del ADN que se quiere modificar y sintetizado previamente, se asocia con la enzima Cas9. El ARN hibrida con la secuencia de interés presente en el genoma, dirigiendo a Cas9 para cortar el ADN en una región específica.
* Se activan los mecanismos naturales de reparación del ADN fragmentado.

93

Una posible aplicación de CRISPR-Cas9 es la de inhabilitar genes. Durante la reparación pueden aparecer, en algunos casos, mutaciones de inserción o deleción, que si están localizadas dentro de un gen pueden dar lugar a la pérdida de producción de la proteína que codifica. Otra aplicación permitiría corregir errores en los genes responsables de causar enfermedades. Si se proporciona a la célula una molécula de ADN que sirva como molde durante la reparación, a la que se ha añadido un cambio, la célula lo copiará y el cambio quedará incorporado en el ADN. Además, el sistema CRISPR-Cas9 también puede ser utilizado para regular la expresión génica.

DOS APLICACIONES CONCRETAS DE CRISPR-CAS9

El equipo de científicos liderados por el ingeniero agrónomo Sergio Feingold, director del Laboratorio de Agrobiotecnología del Instituto Nacional de Tecnología Agropecuaria (INTA), en la Argentina, focalizó su investigación en el gen que codifica la

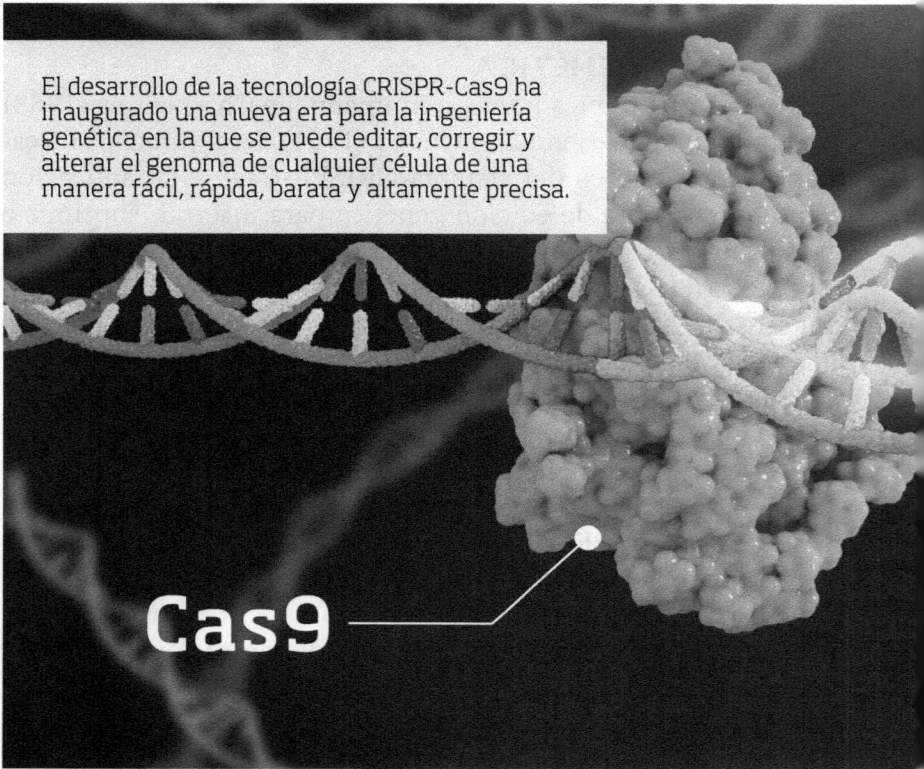

El desarrollo de la tecnología CRISPR-Cas9 ha inaugurado una nueva era para la ingeniería genética en la que se puede editar, corregir y alterar el genoma de cualquier célula de una manera fácil, rápida, barata y altamente precisa.

Cas9

polifenol oxidasa, enzima que provoca el oscurecimiento en papas cuando se las corta y se las expone al aire. La actividad de esta enzima cataliza la oxidación a diferentes compuestos fenólicos con la consecuente transformación a pigmentos oscuros no deseables para la calidad industrial de la papa. Luego de siete años de trabajo, los investigadores lograron cambiar la secuencia de bases del gen para «apagarlo» utilizando la herramienta CRISPR-Cas9. El siguiente paso será corroborar que las plantas identificadas mejoren su comportamiento como resultado del «apagado» del gen de polifenol oxidasa. Cuando produzcan tubérculos, esperan observar un grado de oscurecimiento muchísimo menor que en las plantas no editadas. Mediante el empleo de CRISPR, científicos en Estados Unidos, Corea del Sur y China han conseguido eliminar con éxito una enfermedad hereditaria en embriones humanos. La miocardiopatía hipertrófica es una enfermedad del corazón que

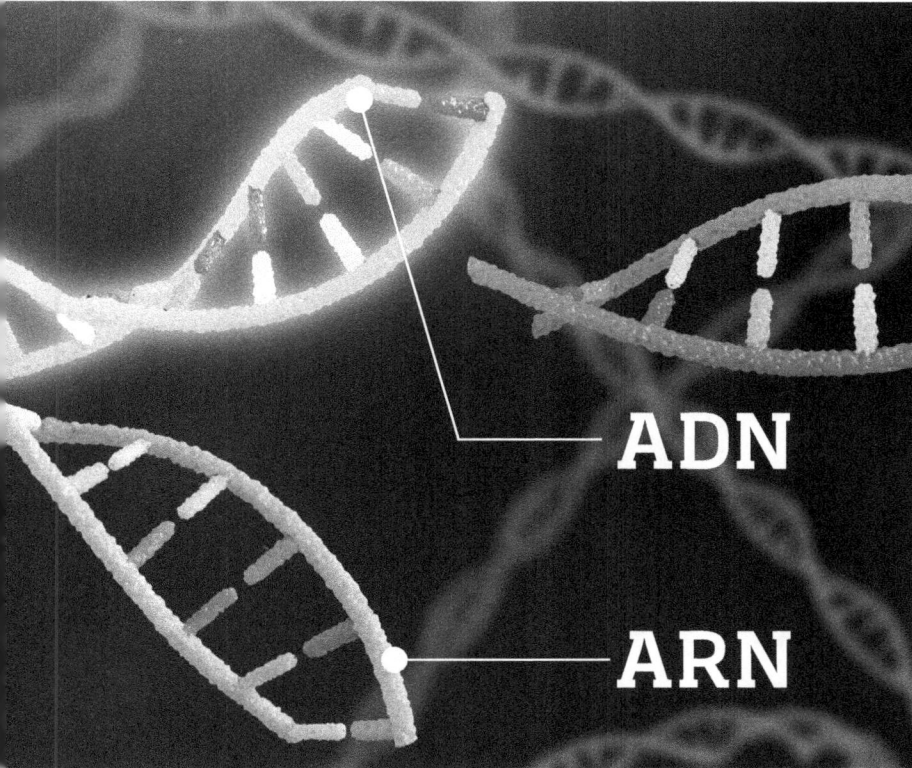

provoca muerte súbita en deportistas y personas jóvenes. Una de sus causas principales es que una de las dos copias del gen MYBPC3 es errónea. Los científicos inyectaron al mismo tiempo los espermatozoides y una secuencia de CRISPR con la versión correcta del gen en óvulos donados por mujeres sanas. El 72% de los embriones se desarrolló sin la mutación.

Por primera vez se logró que un número importante de embriones fueran totalmente viables, sin errores genéticos adicionales. Como ninguno estaba destinado a ser implantado, fueron destruidos tras la investigación.

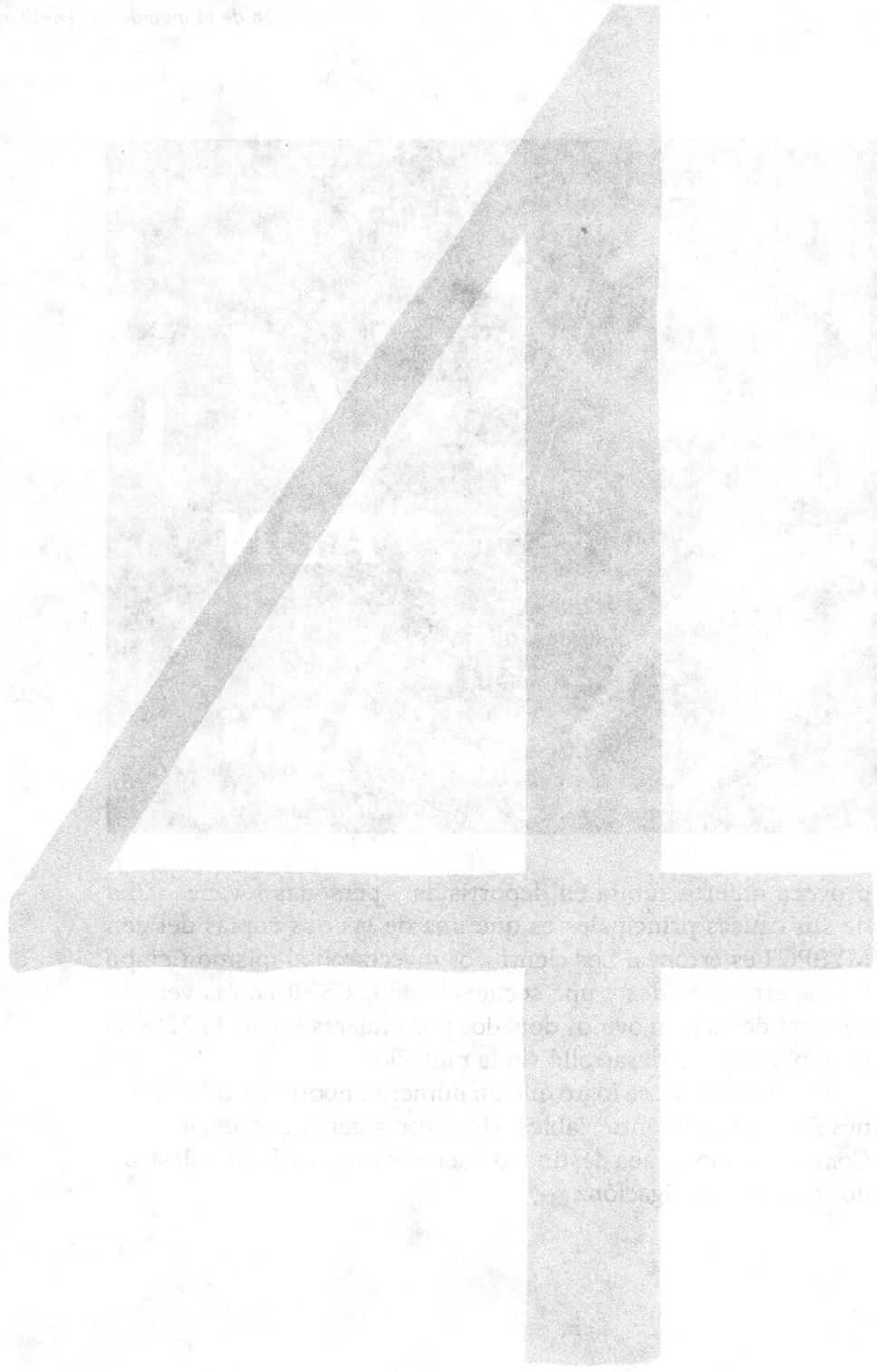

LA PANDEMIA DE COVID-19

El mundo frente a un escenario imprevisto

El 11 de marzo de 2020 la Organización Mundial de la Salud (OMS) caracterizó como una pandemia a la nueva enfermedad por coronavirus 2019 (COVID-19). Veamos qué significa esto y cuáles son sus implicancias.

Una pandemia implica una transmisión sostenida, eficaz y continua de una enfermedad de forma simultánea en más de tres regiones geográficas distintas. Sin embargo, el término no hace referencia a la letalidad del patógeno sino a su transmisibilidad y extensión geográfica.

Si bien durante los veinte años transcurridos del siglo XXI el mundo ha padecido cuatro pandemias (todas producidas por virus) de distintas características, intensidades y distribución, ninguna de ellas obligó a vivir bajo medidas de aislamiento a alrededor de un tercio de la población mundial como la pandemia del nuevo coronavirus. La rápida propagación del virus como consecuencia de la mayor conectividad e intercambio de personas y bienes entre países de «nuestra aldea global» ha requerido una respuesta rápida de las autoridades de muchos de ellos, aunque otras han reaccionado tarde o han subestimado el impacto de la pandemia por desconocimiento de algunos de los aspectos de la enfermedad, o simplemente por priorizar la actividad económica frente a los cuidados sanitarios. Las decisiones tomadas causaron el cierre de comercios, aeropuertos, empresas, actividades culturales y deportivas, y han obligado a las personas a permanecer en sus hogares. Una situación que no tiene precedentes en la historia mundial reciente.

¿QUÉ ES UN VIRUS?

Un virus tiene una estructura relativamente simple: está formado por un genoma de ADN o ARN, rodeado por una cápside de proteínas o glucoproteínas. Algunos poseen una envoltura lipídica por fuera de la cápside. Son los virus envueltos, en contraposición con los virus desnudos, que no la poseen.

Las proteínas de la cápside o de la envoltura determinan la especificidad de un virus. Una célula solo puede ser infectada por un virus si la proteína viral «encaja» en uno de los receptores específicos de su membrana celular. ¿Por qué un virus es considerado un parásito intracelular obligado? Esto quiere decir que, para poder infectar y replicarse, un virus requiere de la «maquinaria»

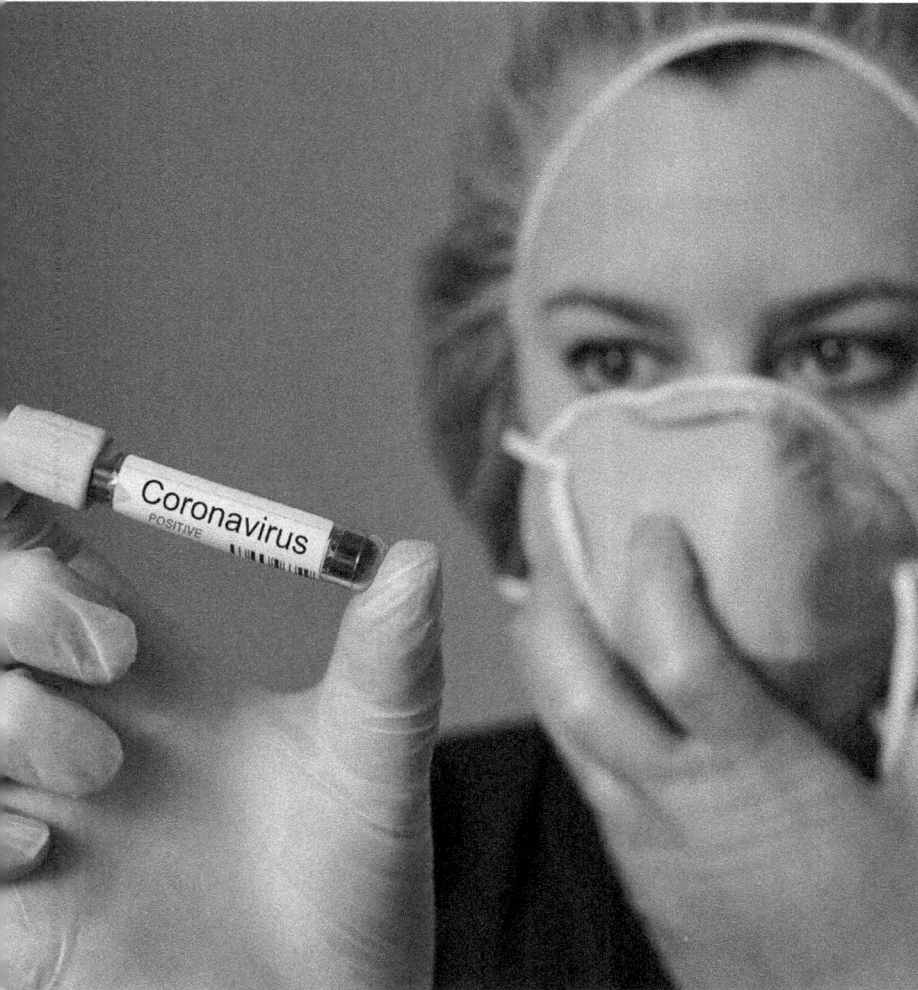

de la célula que invadió, ya que por sí solo no puede realizarlo. Como consecuencia de la utilización de la «maquinaria» celular, las enzimas que leen y copian el material genético son más proclives a «cometer errores» (en el caso del ARN, la cantidad de errores en el copiado es mucho mayor que en el ADN), es decir, a generar mutaciones. La mayoría de las veces estas mutaciones no producen efectos relevantes en la estructura del virus. Sin embargo, otras veces el virus se vuelve resistente a fármacos o tiene mayor patogenicidad (capacidad de producir enfermedad).

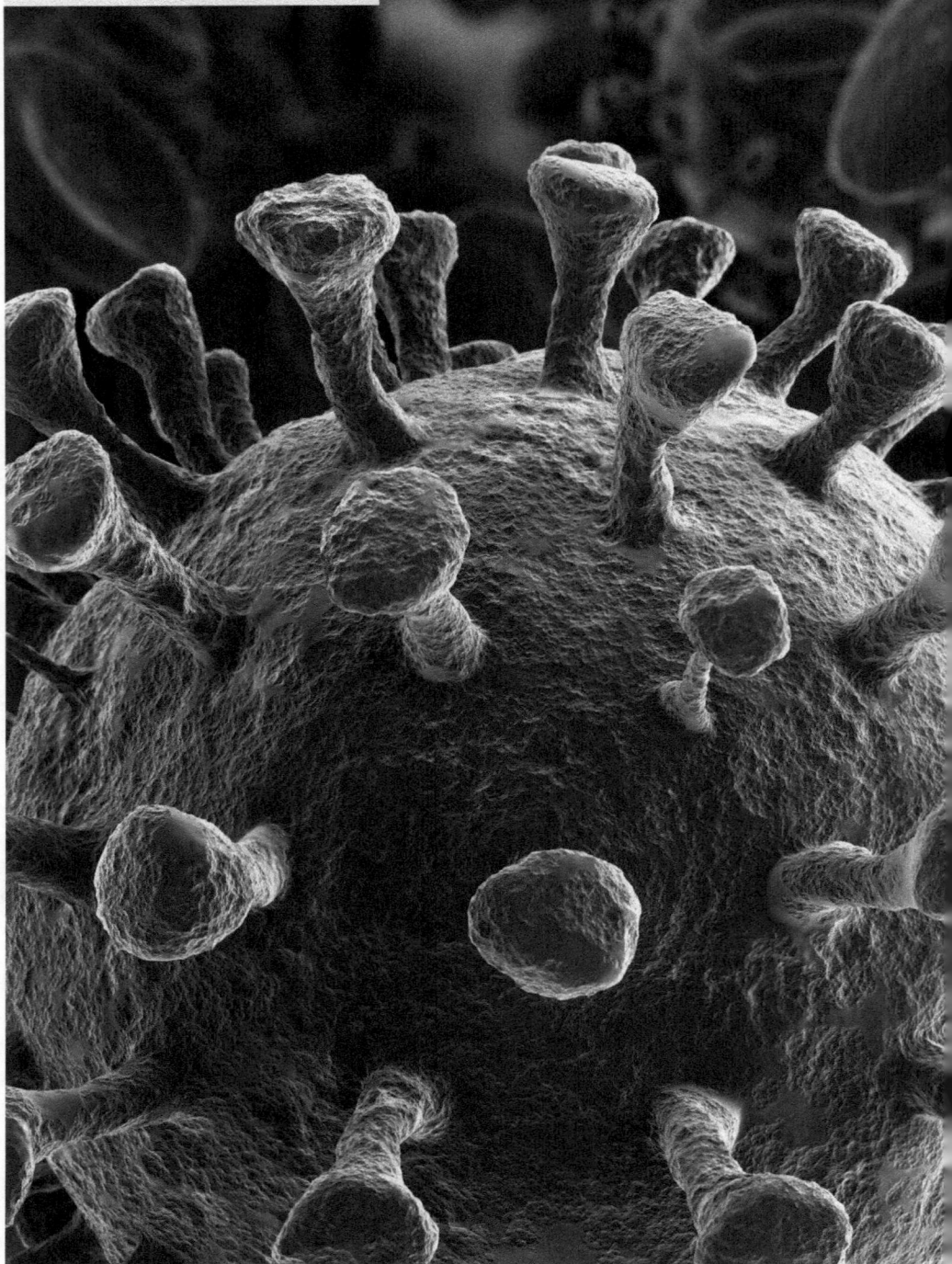
Ilustración 3D del SARS-CoV2.

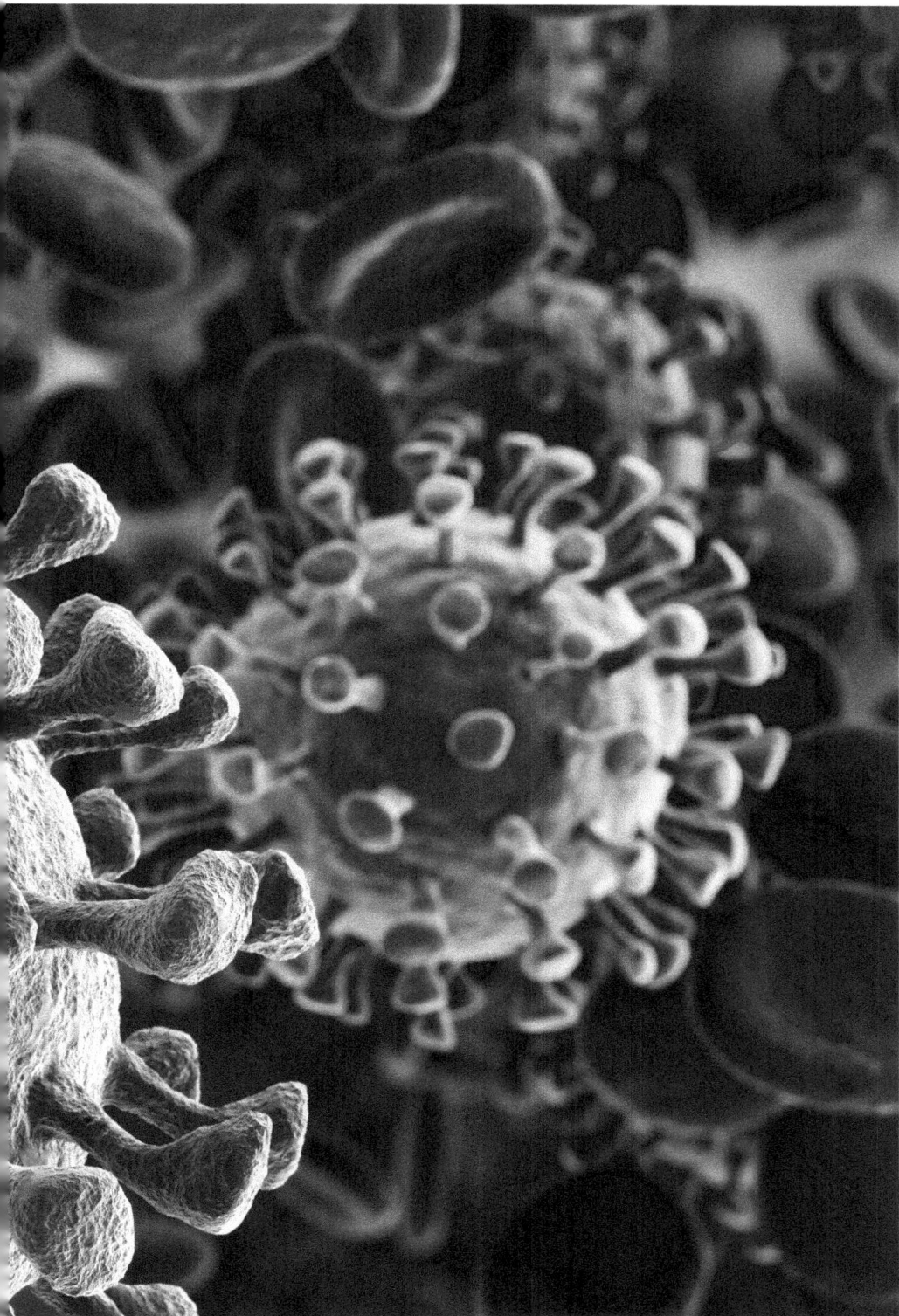

LA FAMILIA DE LOS CORONAVIRUS

Los coronavirus son una familia de virus envueltos, que poseen un genoma de ARN y producen principalmente infecciones de la vía aérea, desde un resfrío común hasta un síndrome respiratorio grave. Gran parte de los coronavirus no son peligrosos y se pueden tratar de forma eficaz. Aunque son más frecuentes en otoño o invierno, se pueden adquirir en cualquier época del año.

El coronavirus debe su nombre al aspecto que presenta, ya que es muy parecido a una corona. Se trata de un tipo de virus presente tanto en humanos como en animales. En lo que va del siglo XXI han surgido, mediante mutaciones, tres coronavirus que provocan enfermedades graves en seres humanos: el del Síndrome respiratorio agudo grave (SARS-CoV), el del Síndrome respiratorio de Oriente Medio (MERS-CoV) y el nuevo coronavirus (SARS-CoV2). Este último surgió en la ciudad de Wuhan, China, a fines de 2019.

El SARS-CoV2 provoca una enfermedad llamada COVID-19, que se caracteriza por síntomas como fiebre, tos seca, estornudos, dolor de cabeza, cansancio y/o diarrea. A su vez, puede presentar complicaciones como neumonía, insuficiencia respiratoria o una falla multiorgánica. Su tasa de transmisibilidad (cantidad de personas contagiadas por una persona) es de alrededor de 3, un poco más del doble de la tasa de transmisibilidad del virus de la gripe A.

¿CÓMO INGRESA EL SARS-COV2 AL ORGANISMO?

El nuevo coronavirus ingresa al cuerpo humano a través de las secreciones respiratorias (gotas) emitidas por una persona infectada, aun en la fase asintomática, o si se llevan a la boca, nariz u ojos las manos que tocaron objetos infectados. De allí se dirige hacia las células del pulmón, donde se une a un receptor de membrana llamado ACE-2, mediante la proteína S. Luego introduce su ARN y utiliza la «maquinaria» celular para replicarlo y sintetizar las proteínas que lo componen. Así, genera entre 10.000 y 100.000 copias aproximadamente, que luego van a ser liberadas para infectar otras células del cuerpo humano.

ESQUEMA DE LA ESTRUCTURA DEL SARS-COV2

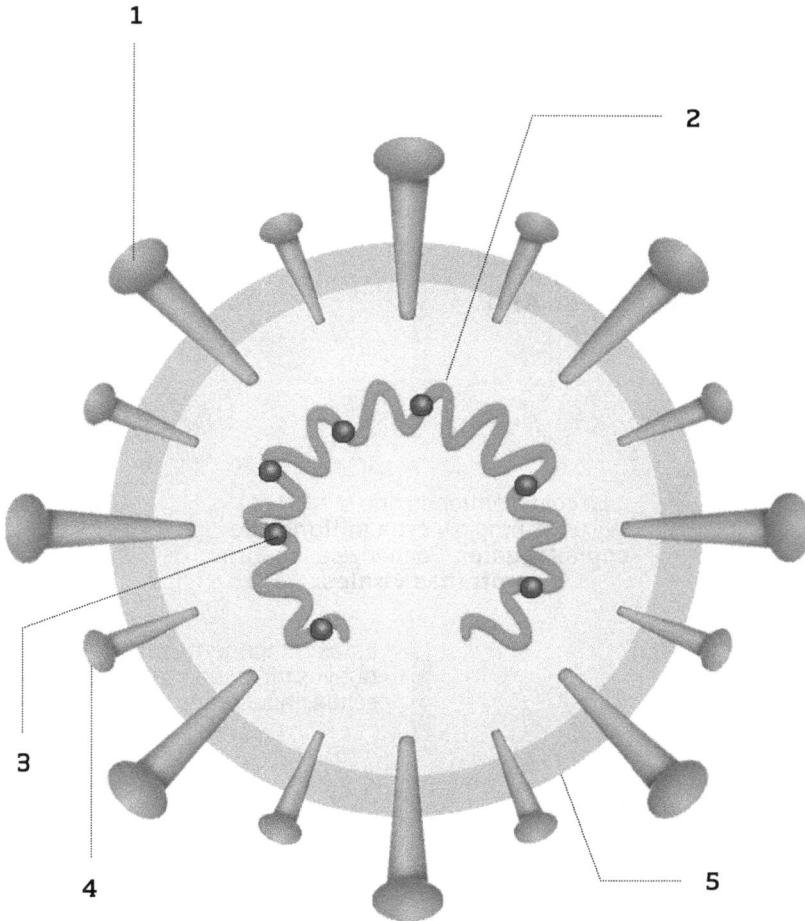

103

1. **Proteína S**. Permite el acople con la célula humana.
2. **ARN**. Material genético del virus.
3. **Proteína N**. Camufla el ARN ante el sistema inmunológico.
4. **Proteína E**. Ayuda a infectar a otras células.
5. **Membrana (lípidos + glicoproteínas).** Envoltorio protector del material genético

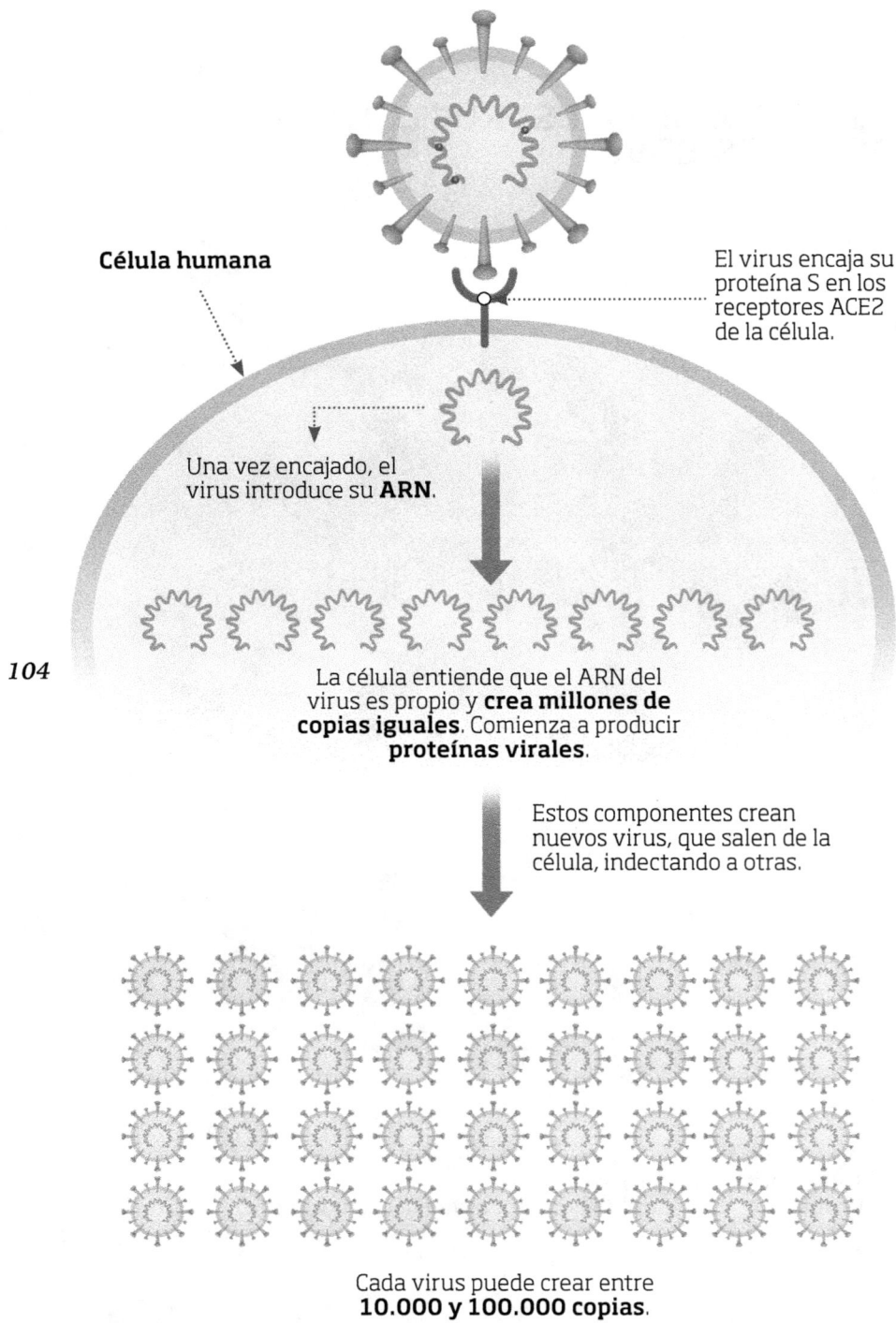

Célula humana

El virus encaja su proteína S en los receptores ACE2 de la célula.

Una vez encajado, el virus introduce su **ARN**.

La célula entiende que el ARN del virus es propio y **crea millones de copias iguales**. Comienza a producir **proteínas virales**.

Estos componentes crean nuevos virus, que salen de la célula, indectando a otras.

Cada virus puede crear entre **10.000 y 100.000 copias**.

Página izquierda: esquema del ingreso y la reproducción del SARS-CoV2 en las células del organismo.

PANDEMIAS DEL SIGLO XXI

- El Síndrome respiratorio agudo severo (SARS, en inglés) es una enfermedad provocada por un coronavirus distinto del causante del COVID-19. Entre noviembre de 2002 y julio de 2003, un brote registrado en el sur de China produjo 8.098 personas infectadas en 17 países, aunque la mayoría de los casos se registraron en China y Hong Kong. El virus surgió en murciélagos de herradura que habitan en cuevas de la provincia de Yunnan, y de allí pasó a los humanos.

- La gripe A (2009-2010) fue la segunda pandemia causada por el virus de la gripe H1N1, casi un siglo después de la «gripe española». Se trata de una nueva cepa de H1N1, que se originó cuando los virus de las gripes aviar, porcina y humana se combinaron con un virus de la gripe porcina euroasiática, razón por la cual se la conoce como «gripe porcina». El brote apareció en cerdos de una región del centro de México, y a partir de allí se propagó. Se estima que entre el 11 y el 21% de la población mundial de entonces contrajo la enfermedad.

- El Síndrome respiratorio de Oriente Medio (MERS, en inglés) también es causado por un coronavirus. El primer caso fue un hombre de Arabia Saudita, en 2012, y desde allí se expandió a varios países, principalmente de Oriente Medio, aunque también de otras regiones, como Corea del Sur, que tuvo un brote en 2015.

- La enfermedad por el virus del ébola (EVE) es una fiebre hemorrágica viral que afecta a los humanos y a otros primates. El de 2014 fue el brote más generalizado en la historia. Los primeros casos se registraron en Guinea en diciembre de 2013, y de allí se propagaron a Liberia y Sierra Leona, donde causó devastadores efectos humanos y materiales. La tasa de letalidad entre los pacientes hospitalizados llegó a ser de entre el 57 y el 59%.

105

RECOMENDACIONES PARA LA PREVENCIÓN DEL CONTAGIO DEL SARS-COV2

La OMS difundió las siguientes recomendaciones para reducir el riesgo de contagio del nuevo coronavirus:

- Lavarse las manos con agua y jabón o utilizar productos a base de alcohol.

- Cubrir la nariz y la boca con pañuelos desechables o con el ángulo interno del codo cuando se tose o estornuda.
- Evitar el contacto cercano con quien esté resfriado o con síntomas similares a la gripe.
- Cocinar bien la carne y los huevos.
- Evitar el contacto con animales vivos de granja o salvajes.

MÉTODOS DE DIAGNÓSTICO PARA SARS-COV2

Para realizar el diagnóstico primero se obtiene una muestra mediante un hisopado combinado de la nasofaringe y la orofaringe. También puede obtenerse por medio de un lavado bronqueoalveolar o un esputo. Esta muestra debe ser conservada en frío (4-8 °C) y procesada dentro de las 72 horas desde su obtención. En caso de no ser así, se debe congelar (-70 °C) hasta ser procesada. En la muestra se buscan los genes E y RdRP, presentes en el ARN del virus, con la técnica de RT-PCR (*Reverse transcription polymerase chain reaction*) cuantitativa, una variante de la técnica de PCR para amplificar el ADN (mencionada anteriormente). Como el ARN es monocatenario, se debe obtener primero ADN (bicatenario) para luego amplificarlo y cuantificarlo. Esta retrotranscripción se realiza mediante la utilización de una enzima denominada transcriptasa reversa.

La RT-PCR cuantitativa permite medir en tiempo real la cantidad de fragmentos de ADN que se van produciendo. Para poder cuantificar la muestra de un paciente se añaden al tubo de ensayo sondas que se unen únicamente a secuencias específicas del ADN retrotranscripto del virus y emiten fluorescencia. Por lo tanto, a mayor fluorescencia en la muestra habrá mayor cantidad de copias del ADN obtenido mediante la retrotranscripción del virus SARS-CoV2.

De ser positiva la muestra, se confirma el diagnóstico, pero un resultado negativo no descarta la infección ya que pudo haber fallado la toma de la muestra o su traslado, o tal vez el paciente no esté secretando gran cantidad de virus porque se encuentra en una etapa muy temprana o muy tardía de la enfermedad.

106

EL JABÓN DESTRUYE EL SARS-COV2

El jabón que solemos utilizar para higienizarnos está compuesto por moléculas que poseen una cabeza hidrófila (afín al agua) y una cola hidrófoba (afín a los aceites y la grasa). Como el virus está envuelto en una capa lipídica o grasa que protege su material genético, cuando nos lavamos las manos, tanto la palma como el dorso y entre los dedos, la cola hidrófoba de las moléculas de jabón disuelve la capa lipídica del virus y la rompe. Luego, cuando nos enjuagamos, el agua arrastra todos los componentes del virus, ya desmembrado.

El virus está envuelto en una capa lipídica (de grasa) que protege su material genético.

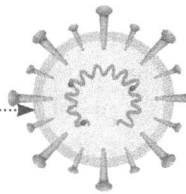

Las proteínas le ayudan a infectar las células humanas.

La cabeza hidrófila es afín al agua.

La cola hidrófoba es afín a los aceites y la grasa.

Moléculas de jabón

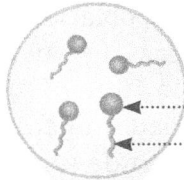

La cola de las moléculas de jabón se conecta a la capa de grasa del virus y la rompe.

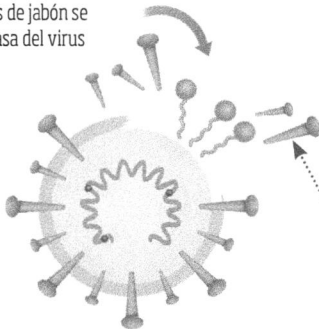

Las proteínas y otros fragmentos del virus son arrastrados por el agua.

Una de las limitaciones de esta técnica es la velocidad con que se lleva a cabo. Aunque, por lo general, la PCR es bastante rápida para amplificar muestras de ADN, demora varias horas poder establecer un resultado.

TEST DE ANTICUERPOS POR ELISA

El test de anticuerpos contra el SARS-CoV2 es una prueba diagnóstica capaz de determinar si un paciente ha sido infectado y ya se encuentra inmunizado. Este tipo de prueba, denominada antiSARS-CoV2 ELISA, se realiza en suero o plasma sanguíneo y detecta los anticuerpos que el sistema inmunitario del paciente ha generado contra el virus. La prueba es, entonces, un potencial "certificado de inmunidad" para que una persona pueda regresar a su vida normal y para que los gobiernos puedan retirar gradualmente el aislamiento de sus poblaciones.

Una de las grandes ventajas de este test es el tiempo en que se lleva a cabo, ya que en solo 15 minutos se obtienen resultados. Sin embargo, no permite determinar una infección reciente del paciente, por lo cual, si acaba de ser infectado por SARS-CoV2, podría arrojar un falso negativo, ya que todavía no ha tenido tiempo de desarrollar anticuerpos frente al virus. Por lo tanto, la prueba no tendrá impacto a corto plazo para conocer cuánta gente está infectada activamente.

ENZIMOINMUNOANÁLISIS

1 Adición de antígenos

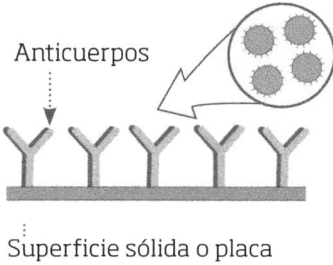

Anticuerpos

Superficie sólida o placa

2 Adición de anticuerpos marcados con enzima

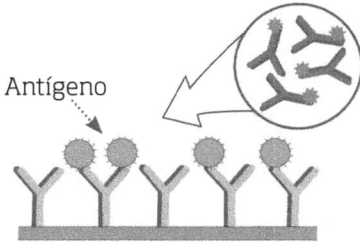

Antígeno

3 Adición de sustrato

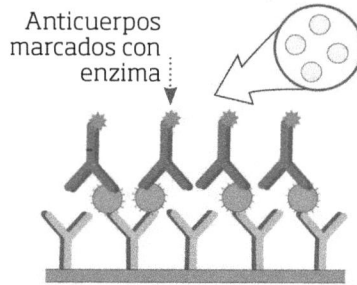

Anticuerpos marcados con enzima

4 Detección de la señal

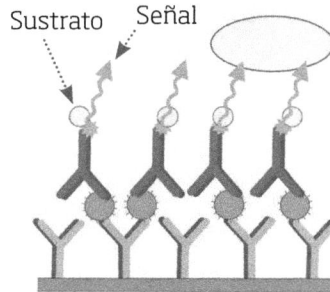

Sustrato   Señal

109

DETECCIÓN DE ANTÍGENOS DEL VIRUS POR ELISA

Por último, existen pruebas que detectan antígenos del virus (proteínas virales) por ELISA directo. Las muestras sospechosas de contener el antígeno se colocan en los pocillos de la placa para ELISA y se incuban con anticuerpos marcados con una enzima, que se unirán al antígeno en estudio. Luego, se añade el sustrato que, al reaccionar con la enzima, proporciona una señal visible que permite la detección y/o cuantificación del antígeno en estudio. Si esta prueba da positiva y el paciente presenta los síntomas correspondientes, se confirma el diagnóstico. Pero si da negativa, al igual que la técnica de RT-PCR, no se puede descartar la infección.

ENZIMOINMUNOANÁLISIS DIRECTO

1 Adición de anticuerpos marcados con enzima

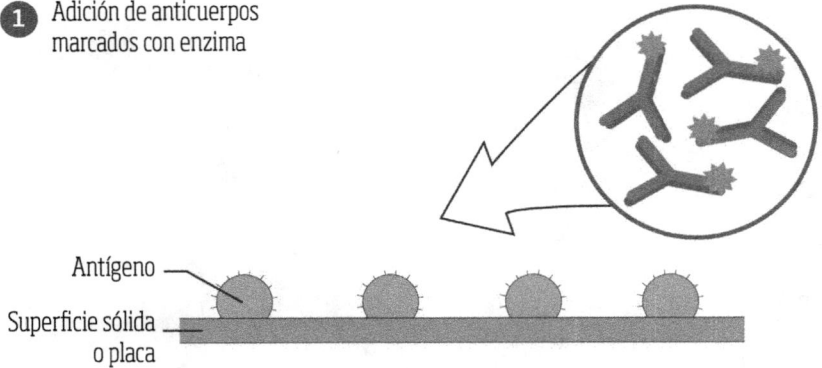

Antígeno ——

Superficie sólida o placa ——

2 Adición de sustrato

Anticuerpo —— marcado

3

Detección de la señal

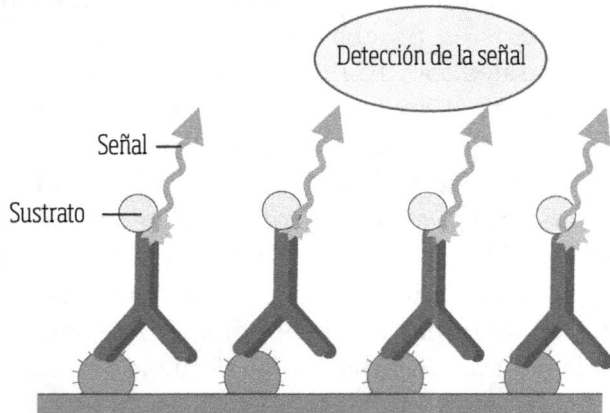

Señal ——

Sustrato ——

POSIBLES TRATAMIENTOS

Si bien por el momento no hay un tratamiento aprobado por la OMS, se están haciendo varios ensayos clínicos para lograr uno o más que sean efectivos. Una de las líneas científicas estudiada en China, Estados Unidos y Francia se basa en la transfusión a los enfermos de plasma sanguíneo de personas curadas, las cuales desarrollaron anticuerpos contra el virus. Este método ya resultó eficaz en estudios a pequeña escala contra otras enfermedades infecciosas como el ébola y el SARS. En China se realizaron transfusiones de plasma al principio de la epidemia. Dos estudios recientes –con pocos pacientes– concluyeron que hubo una mejora del estado clínico de los infectados.

Otra prioridad científica es averiguar si los medicamentos ya existentes pueden ser eficaces. Por eso, se prueban antivirales para combatir directamente el virus y moléculas que actúan sobre el sistema inmunitario. La mayoría de las drogas estudiadas en ensayos clínicos inhiben componentes clave en el ciclo vital de infección del nuevo coronavirus. Algunos de los posibles tratamientos que se plantean son:

111

- Hidroxicloroquina: inhibe la entrada y la salida del virus hacia y desde las células del huésped. También tiene propiedades antiinflamatorias.
- Lopinavir - Ritonavir: inhibe una enzima que utiliza el virus para poder replicar su ARN.
- Remdesivir: inhibe la replicación del ARN viral.
- Interferon beta: ayuda al sistema inmune del cuerpo del huésped como antiviral.
- Tocilizumab: actúa bloqueando la producción de una molécula inflamatoria llamada interleucina 6.

También se evalúa el uso combinado de estos medicamentos, ya que no compiten entre sí porque cada uno actúa en un paso diferente del ciclo viral en la célula, y juntos pueden potenciarse.

Para frenar la "tormenta inflamatoria" observada en las formas graves de la enfermedad, los investigadores están probando

Investigadores dedicados a la obtención de una vacuna contra el SARS-CoV2.

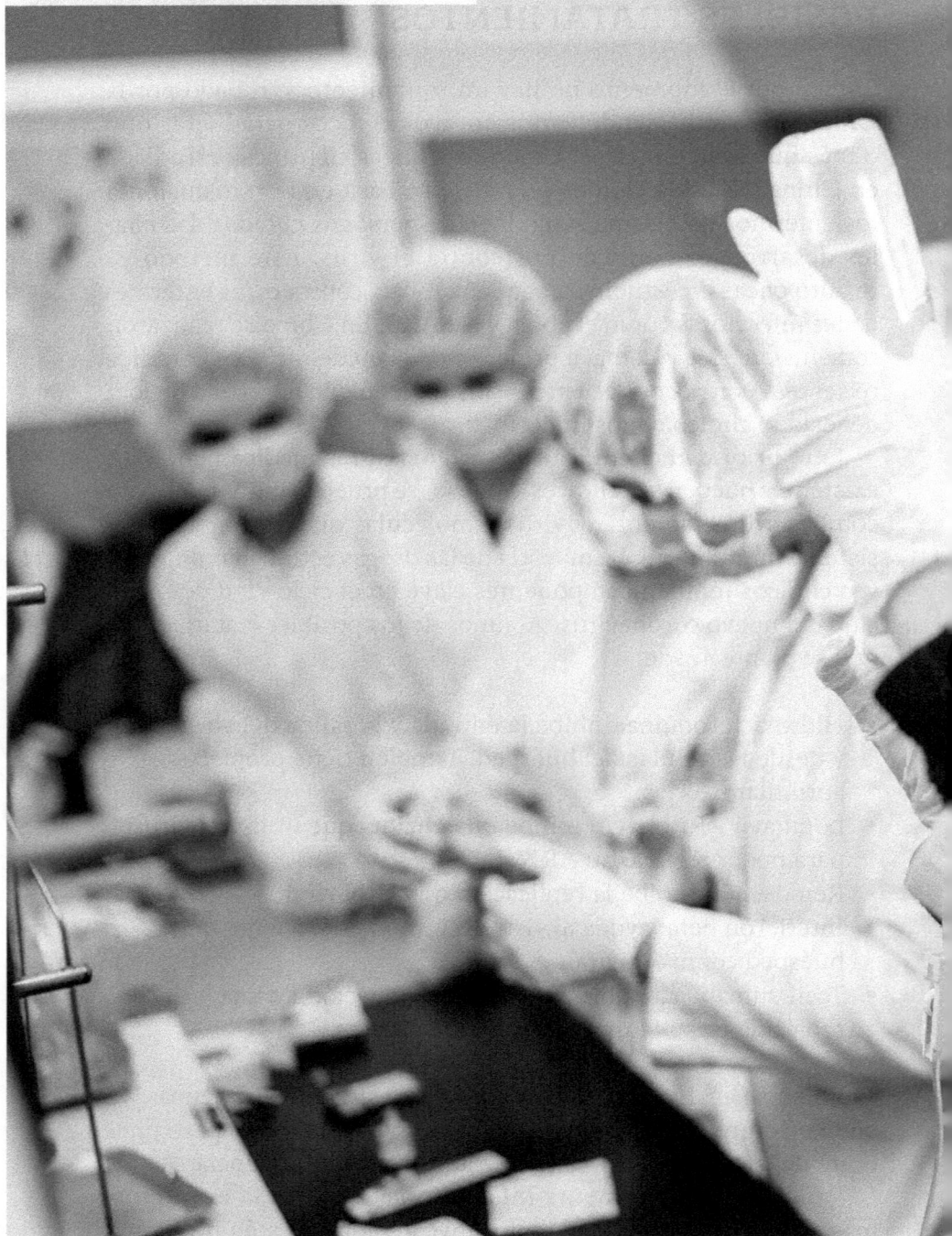

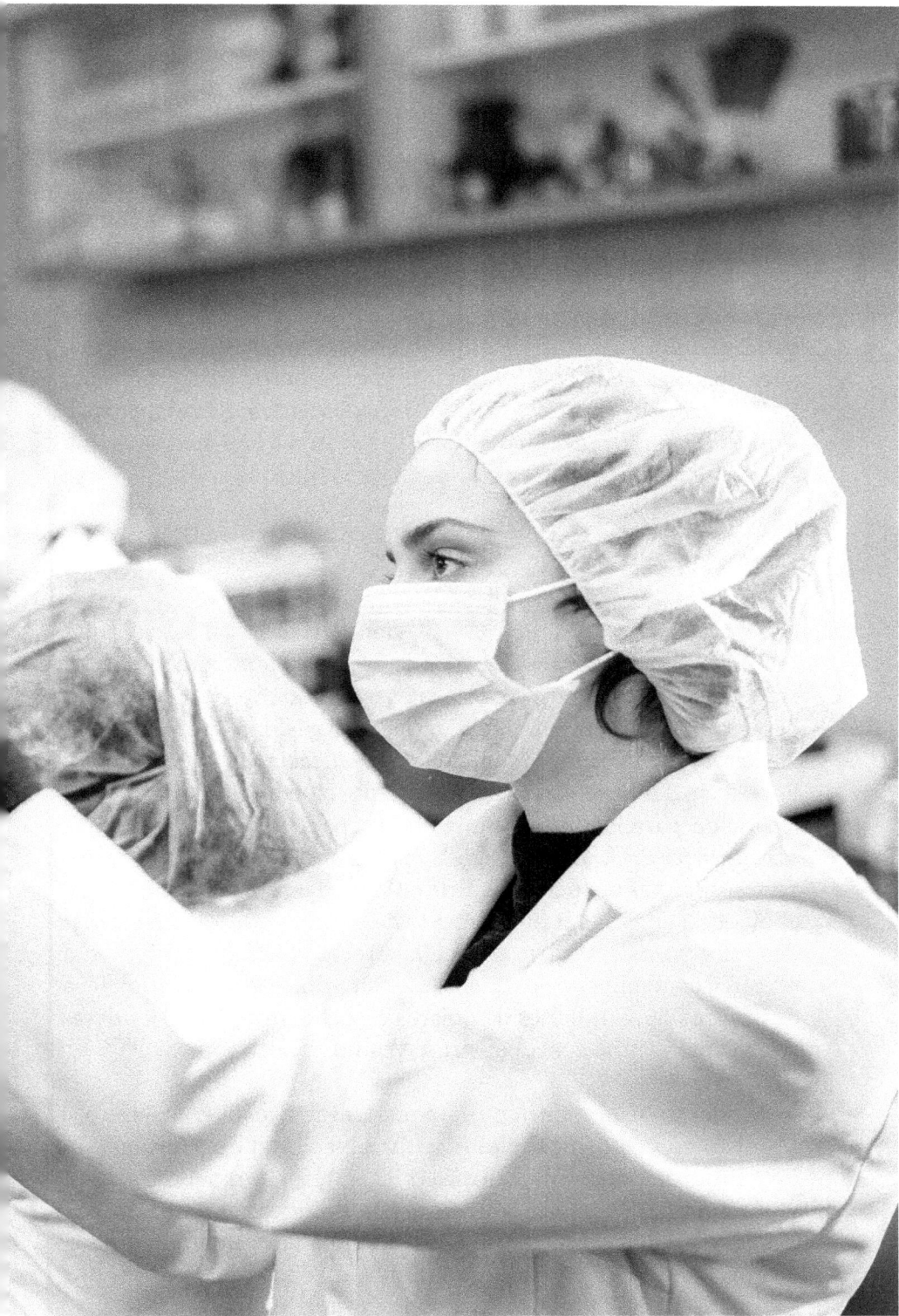

otros tratamientos, como los anticuerpos monoclonales. Estos se sintetizan en ratones genéticamente modificados para darles un sistema inmunitario "humanizado". Expuestos a virus vivos o atenuados, producen anticuerpos humanos, que luego son multiplicados en el laboratorio.

Asimismo, la OMS ha hecho público un consorcio internacional, denominado Solidarity, cuyo objetivo es buscar un tratamiento eficaz para el COVID-19. Por el momento participan Argentina, Baréin, Canadá, Francia, Irán, Noruega, Sudáfrica, España, Suiza y Tailandia, y está previsto que cada vez sean más las naciones que se unan en este proyecto de gran ensayo clínico mundial.

PRODUCIR UNA VACUNA

La rápida reacción de la comunidad científica mundial para diseñar una vacuna contra el SARS-CoV2 es espectacular. Existen más de cuarenta proyectos en distintos países. Lo que puede retrasar su desarrollo son las pruebas necesarias de toxicidad, efectos secundarios, seguridad, inmunogenicidad y eficacia en la protección. Por eso se habla de varios meses o incluso de años de estudio. La Coalición para las Innovaciones en Preparación para Epidemias (*Coalition for Epidemic Preparedness Innovations*, CEPI) es una organización sin fines de lucro con sede en Noruega, creada en 2017 con el objetivo de acelerar el desarrollo de vacunas contra enfermedades infecciosas emergentes y de favorecer el acceso equitativo a ellas. La pandemia de SARS-CoV2 es su primer gran desafío: lleva destinados 29,2 millones de dólares en ocho proyectos para desarrollar una vacuna contra el virus. Veamos cuáles son:

- Moderna Therapeutics (Estados Unidos) está trabajando, junto con científicos del Instituto Nacional de Alergias y Enfermedades Infecciosas (NIAID), en el diseño de la vacuna ARNm-1273, que consiste en un fragmento de ARN mensajero (ARNm) que codifica para una proteína derivada de glicoproteína S de la superficie del SARS-CoV2. EL ARN mensajero se introduce en la célula y utiliza la «maquinaria» celular de producción de proteínas para reproducirse. Como la proteína es extraña, el sistema inmune la reconoce, por lo cual se espera que genere una respuesta robusta que evite que el virus se propague al infectar al individuo. Esto lo mantendría protegido.

- Inovio Pharmaceuticals (Estados Unidos) anunció una vacuna sintética de ADN para el nuevo coronavirus, INO-4800, basada también en el gen S de la superficie del virus.
- Novavax (Estados Unidos) es una empresa biotecnológica que posee la tecnología para producir proteínas recombinantes que se ensamblan en nanopartículas y con un adyuvante propio son potentes inmunógenos.
- CureVac (Alemania) anunció que desarrolla una vacuna basada también en el modelo de ARN mensajero.
- La Universidad de Queensland (Australia) anunció que trabaja en un prototipo empleando una técnica denominada «pinza molecular», una novedosa tecnología que consiste en crear moléculas quiméricas capaces de mantener la estructura tridimensional original del antígeno viral. Esto permite producir vacunas empleando el genoma del virus en un tiempo récord.
- El Instituto Jenner de la Universidad de Oxford (Reino Unido) desarrolla una vacuna recombinante que emplea como vector un adenovirus del chimpancé.
- La Universidad de Hong Kong (China) desarrolla una vacuna recombinante basada en el virus de la gripe.
- El Instituto Pasteur (Francia), Themis Bioscience y la Universidad de Pittsburgh (Estados Unidos) se encuentran desarrollando una vacuna recombinante que usa como vector al virus del sarampión.

Por otra parte, un equipo de la Academia Militar de Investigación Médica de China, encabezado por la prestigiosa epidemióloga Chen Wei, desarrolla una vacuna recombinante basada en vectores de adenovirus (modificado para que no sea patógeno) al que se le introduce el gen que codifica la síntesis de proteína S (*spike*) de SARS-CoV2. Así, cuando el vector se inyecta en el huésped se

Edificio de CureVac en Tubinga, Alemania.

replica pero no solo expresa sus proteínas propias sino también la proteína S del SARS-CoV2. De este modo se induce la producción de anticuerpos en el organismo receptor.

La vacuna ha sido ensayada ya en monos y se sabe que produce inmunidad. Se va a comenzar un ensayo clínico fase I con 108 voluntarios sanos, entre 18 y 60 años de edad, en los que se probaran tres dosis distintas. El objetivo es comprobar la seguridad de la vacuna (si hay efectos secundarios), y probar qué dosis induce una mayor respuesta de anticuerpos.

CUESTIONES ÉTICAS

El futuro es hoy

«Imaginemos que se intentara diseñar humanos con propiedades mejoradas, como huesos más fuertes, o menos susceptibilidad a enfermedades cardiovasculares o incluso con propiedades que consideramos quizá deseables, como un color de ojos diferente o ser más altos y cosas así. En este momento, la información genética para entender qué tipos de genes dan lugar a estos rasgos en su mayoría no se conoce. Los humanos de ingeniería genética aún no están entre nosotros, pero esto ya no es ciencia ficción. Es importante saber que CRISPR es una herramienta para hacer este tipo de cambios, una vez que el conocimiento esté disponible.»

Jennifer Doudna

Embrión de dos células visto bajo el microscopio.

¿ESTAMOS PREPARADOS PARA LA EDICIÓN DE LA LÍNEA GERMINAL DEL GENOMA?

La edición del genoma puede plantearse en dos contextos. Una posibilidad es en células somáticas (por ejemplo, las del hígado, de los músculos, de la piel, etc.), cuando la modificación del ADN queda restringida a una persona y no hay consecuencias sobre el ADN de las generaciones posteriores. El otro contexto es el de la modificación en células germinales (óvulos y espermatozoides) o en embriones. Sin dudas, este es el que mayor controversias genera. Esta estrategia podría plantearse en un ámbito clínico para evitar la manifestación de una enfermedad o para que no se transmita de padres portadores a su descendencia. Pero la modificación de células germinales o embriones tempranos implica que los cambios introducidos pueden transmitirse a la siguiente generación, y todavía se desconoce qué repercusiones puede tener esta acción.

Algunos países aprueban la creación de embriones humanos para utilizarlos en experimentos científicos, siempre y cuando los donantes de los óvulos y espermatozoides estén informados del uso que se dará a sus células. Existen grupos de investigación que utilizan embriones humanos supernumerarios, es decir, los que sobran de los tratamientos de reproducción asistida (en los que se crean varios embriones, pero solo se implantan uno o dos). En otros países, el uso de embriones está regido por leyes, por lo cual se les pide a los científicos que justifiquen la necesidad y utilidad de usarlos. También, que limiten el número de embriones en la investigación y, para optimizar los protocolos experimentales, que se emplee otro tipo de células o embriones de especies no humanas antes de aplicarlos a humanos.

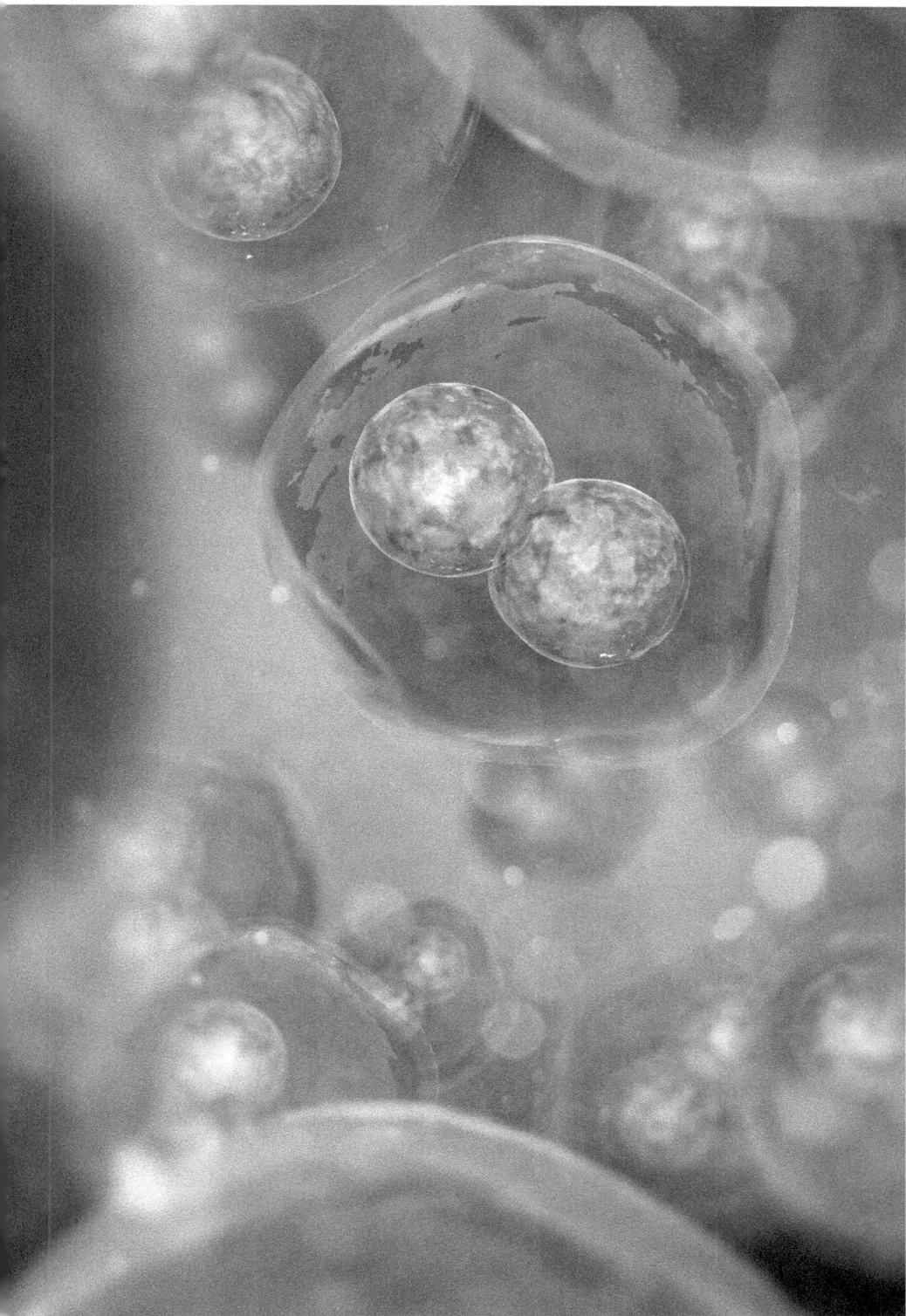

PRIMEROS EMBRIONES HUMANOS
GENÉTICAMENTE EDITADOS

En 2014, investigadores de la Universidad Sun Yat-sen, en Guangzhou, China, liderados por Junjiu Huang (1980), evaluaron la capacidad del sistema de edición CRISPR-Cas9 para modificar el gen responsable de la β-talasemia en embriones humanos no viables descartados por las clínicas de fertilización.

En el trabajo de Huang, los investigadores estaban interesados precisamente en evaluar la capacidad del embrión para reparar el ADN tras la rotura puntual del ADN. Cuando se edita el genoma de un embrión en el estadio de una única célula, en principio se puede llegar a obtener un individuo con todas sus células modificadas. Sin embargo, también existe la posibilidad de que se genere un mosaico, un organismo en el que la composición genética no es la misma en todas sus células, es decir, que contiene células en las que se ha reparado la mutación y células en las que no.

Los investigadores inyectaron en 86 embriones de célula única la información necesaria para producir los componentes del sistema CRISPR (en este caso, aquellos necesarios para modificar de forma específica el gen que codifica para la β-globina). A continuación, esperaron 48 horas para que el sistema CRISPR actuara y los embriones se desarrollaran hasta el estadio de ocho células, momento en el que fueron analizados.

Los resultados obtenidos revelaron una tasa de éxito extremadamente baja. En lugar de utilizar la secuencia de ADN introducida con el sistema CRISPR para actuar de guía o molde en la reparación del ADN del embrión, en la mayor parte de los casos la rotura del ADN fue reparada utilizando otros mecanismos, y en los pocos casos en los que la edición se llevó a cabo de forma correcta, los embriones de ocho células analizados eran mosaico, lo que impidió predecir la forma en que se habrían comportado durante el desarrollo. Además, el equipo detectó que se había producido un número considerable de mutaciones localizadas fuera de la región a modificar.

Ante estos poco prometedores resultados, los investigadores resaltan la necesidad de profundizar más en el mecanismo y en el funcionamiento del sistema CRISPR en la edición del genoma humano, y manifiestan que la aplicación clínica del sistema es algo prematura, especialmente en embriones. Huang indica que para utilizar la técnica en embriones humanos, la tasa de modificación debería ser cercana al 100%, valor muy lejano al obtenido.

LAS GEMELAS CRISPR Y EL GEN CCR5

En noviembre de 2018, el científico chino He Jiankui (1984) anunció en la Segunda Cumbre Internacional de Edición Genética en Humanos, realizada en Hong Kong, el nacimiento de dos gemelas cuyo ADN había sido modificado para hacerlas resistentes a la infección por VIH. Su equipo de investigación había utilizado la herramienta CRISPR para introducir un cambio en el gen CCR5 y, de ese modo, aumentar la resistencia del organismo frente a una infección por VIH.

Sin embargo, esos experimentos fueron condenados por diversas instituciones y sociedades científicas tras conocer que no se había obtenido la aprobación por el comité de ética correspondiente. Además, el análisis detallado de los resultados ha indicado que, si bien He Jianku consiguió modificar el ADN de las gemelas, no logró su objetivo de hacerlo en todas las células de los embriones, y existe un elevado riesgo de que las niñas tengan poblaciones de células de diferente composición genética.

La comunidad científica no se opone a la utilización terapéutica de CRISPR, pero el consenso general es que todavía se desconoce demasiado sobre la técnica y sus limitaciones como para plantear su utilización en embriones humanos.

LA COMUNIDAD CIENTÍFICA INTERNACIONAL PIDE UNA NUEVA MORATORIA

Como en la década de 1970 frente a la nueva tecnología del ADN recombinante, dieciocho expertos en edición genética, entre los que se encuentran Jennifer Doudna, Feng Zhang (1981) y Emmanuelle Charpentier, plantean una moratoria de cinco años para considerar aspectos técnicos, científicos, médicos, sociales, éticos y morales de la edición de genes de la línea germinal, así como para establecer un marco regulatorio internacional relacionado con la modificación del genoma en células germinales. Esta moratoria no afectaría a la edición del genoma germinal con fines de investigación, que se entiende como una herramienta decisiva para garantizar cualquier posible utilización de esta técnica en el ámbito clínico, ni a la edición en células somáticas. La modificación del ADN en la línea germinal tiene incidencia sobre el individuo afectado, pero también sobre la especie humana en su conjunto.

Los expertos alertaron sobre algunos riesgos de esta técnica en el plano social, como la estigmatización y discriminación de personas con diferencias genéticas, afectaciones psicológicas en niños con ADN modificado, acceso inequitativo a las técnicas de edición, generación de subespecies humanas y eventuales efectos dañinos y permanentes en las futuras generaciones. Por lo tanto, los investigadores destacan la importancia de que los diferentes participantes (comunidad científica, pacientes y familias, sociedades civiles, órganos de regulación) tengan su voz en un debate antes de tomar cualquier decisión al respecto. También proponen que las naciones declaren públicamente que no permitirán ningún uso clínico de la edición genética de la línea germinal humana durante un período concreto, estimado en cinco años. El objetivo es generar un paréntesis de reflexión y debate para que cada país pueda tomar decisiones informadas acordes a su historia, su cultura y su sistema político. Para ello, los expertos sugieren la creación de un organismo internacional coordinador, que podría formar parte de la Organización Mundial de la Salud o establecerse como una entidad independiente. Los promotores de la iniciativa reconocen que la adopción de la moratoria tendrá costos, pero estiman que el riesgo de no hacerlo tendría mayores consecuencias.

GLOSARIO

ADN. Ácido desoxirribonucleico.

ADN recombinante. Resultado de la unión de fragmentos de ADN de especies diferentes.

Alelo. Variaciones de los genes para una característica hereditaria dada presentes en cada cromosoma homólogo.

ARN. Ácido ribonucleico.

Base nitrogenada. Uno de los componentes de los nucleótidos presentes en el ADN.

Característica dominante. Cualquier característica hereditaria que se expresa siempre en el fenotipo.

Característica recesiva. Cualquier característica hereditaria que se expresa en el fenotipo solo si se encuentra en ambas copias del gen.

Cariotipo. Conjunto o mapa de cromosomas de una especie.

Centrómero. Región del cromosoma que divide a este en brazos cortos y largos.

Clonación. Técnica mediante la cual se obtiene ADN recombinante, células madre o un organismo idéntico al original.

Codominancia. Ninguno de los alelos presentes en los cromosomas homólogos domina al otro.

Cósmido. Vector que se utiliza en la clonación genética.

Cromosoma. Porción de ADN en la que se encuentran los genes.

Enzima. Proteína que acelera la velocidad de las reacciones químicas sin participar en ellas.

Epigenética. Disciplina que estudia los cambios heredables en la expresión de los genes a partir de la influencia de los factores ambientales.

Exón. Parte del gen que codifica la síntesis de una o más proteínas.

Factor hereditario. Nombre con el que Mendel denominó al gen.

128

Fenotipo. Conjunto de características que se expresan sobre la base del genotipo más la influencia del ambiente registrada en las marcas epigenéticas.

Gen. Secuencia de ADN que puede codificar una molécula de ARN, ya sea un intermediario en la síntesis de una proteína o uno que tenga una función estructural o reguladora.

Genoma. Totalidad del material genético de una especie.

Genotipo. Conjunto de genes de cada individuo ubicados en cada uno de los cromosomas homólogos.

Hibridación. Apareamiento entre dos cadenas total o parcialmente complementarias de ADN o ARN de distinta procedencia para originar una doble hélice híbrida.

Intrón. Región del gen no codificante.

Locus. Posición que ocupan los alelos en cada uno de los cromosomas homólogos.

Mutación. Modificación de la secuencia de bases presentes en el ADN. A veces, esta alteración ocurre en un gen.

Organismo genéticamente editado. Organismo al que se le modifica la secuencia genética de un gen, intercambiando una o más bases, para expresarlo o inhibirlo.

Organismo transgénico. Organismo al que se le ha insertado uno o más genes de la misma especie o de otra especie.

Plásmido. ADN circular presente en bacterias y otras células.

Traducción. Mecanismo por el cual la información contenida en el ARN se expresa en polipéptidos o proteínas en el citoplasma celular.

Transcripción. Mecanismo por el cual la información contenida en el ADN se «copia» a moléculas de ARN.

BIBLIOGRAFÍA RECOMENDADA

- AA. VV. **Edición genética CRISPR.** Investigación y ciencia, edición especial. Barcelona, octubre de 2017.

- Bueno i Torrens, **David. Epigenoma para cuidar tu cuerpo y tu vida.** Plataforma Editorial, Barcelona, 2018.

- Curtis, Helena *et al.* **Biología**. 7.ª ed. Editorial Médica Panamericana, Buenos Aires, 2008.

- Doudna, Jennifer. **TED global**. Londres, 2015 [https://bit.ly/38UW6R8].

- **Genotipia** [https://bit.ly/2T8ub9J].

- Montoliu, Lluis. **Editando genes: recorta, pega y colorea**. Next Door Publishers, Pamplona, 2019.

- Mukherjee, Siddhartha. **El gen. Una historia personal**. Debate, Penguin Random House, Buenos Aires, 2017.

- Watson, James D. **ADN, el secreto de la vida**. Pensamiento, Taurus, Madrid, 2003.

TÍTULOS DE LA COLECCIÓN

Inteligencia artificial
Las máquinas capaces de pensar ya están aquí
***

Genoma humano
El editor genético CRISPR y la vacuna contra el Covid-19
***

Coches del futuro
El DeLorean del siglo XXI y los nanomateriales
***

Ciudades inteligentes
Singapur: la primera smart-nation
***

Biomedicina
Implantes, respiradores mecánicos y cyborg reales
***

La Estación Espacial Internacional
Un laboratorio en el espacio exterior
***

Megaestructuras
El viaducto de Millau: un prodigio de la ingeniería
***

Grandes túneles
Los túneles más largos, anchos y peligrosos
***

Tejidos inteligentes
Los diseños de Cutecircuit
***

Robots industriales
El Centro Espacial Kennedy
***

El Hyperloop
La revolución del transporte en masa

* * *

Internet de las cosas
El hogar inteligente

* * *

Ciudades flotantes
Palm Jumeirah

* * *

Computación cuántica
El desarrollo del qubit

* * *

Aviones modernos
El Boeing 787 y el Airbus 350

* * *

Biocombustibles
Ventajas y desventajas en un planeta sostenible

* * *

Trenes de levitación magnética
El maglev de Shanghái

* * *

Energías renovables
El cuidado y el aprovechamiento de los recursos

* * *

Submarinos y barcos modernos
El Prelude FLNG

* * *

Megarrascacielos
Los edificios que conquistan el cielo

* * *